Florian Mück | John Zimmer

Der TED-Effekt

Für alle, die ihre Idee auf einer Bühne präsentiert haben.

Für alle, die es tun werden.

Florian Mück | John Zimmer

Der TED-Effekt

Wie man perfekt visuell präsentiert für TED-Talks, YouTube, Facebook, Videokonferenzen & Co.

REDLINE | VERLAG

Bibliografische Information der Deutschen Nationalbibliothek:
Die Deutsche Nationalbibliothek verzeichnet diese Publikation in der Deutschen Nationalbibliografie; detaillierte bibliografische Daten sind im Internet über **http://d-nb.de** abrufbar.

Für Fragen und Anregungen:
lektorat@redline-verlag.de

1. Auflage 2017

Nymphenburger Straße 86
D-80636 München
Tel.: 089 651285-0
Fax: 089 652096

Redaktion: Matthias Michel, Wiesbaden
Umschlaggestaltung: Marc-Torben Fischer, München
Umschlagabbildung: Rawpixel.com | Shutterstock.com; Studialon | Shutterstock.com
Satz: Röser MEDIA GmbH & Co. KG, Karlsruhe
Druck: GGP Media GmbH, Pößneck
Printed in Germany

ISBN Print 978-3-86881-663-1
ISBN E-Book (PDF) 978-3-86414-946-7
ISBN E-Book (EPUB, Mobi) 978-3-86414-945-0

Weitere Informationen zum Verlag finden Sie unter

www.redline-verlag.de

Beachten Sie auch unsere weiteren Verlage unter
www.m-vg.de

Inhalt

Vorwort

Hi! Wir sind Florian und John. Danke, dass du uns auf dem nächsten Abschnitt unserer Reise begleitest.

Das Buch, das du in deinen Händen hältst, wird dich einen Schritt näherbringen an die Kunst des visuellen Präsentierens.

Wir beide begannen unsere rhetorische Reise in unseren früheren Berufen als Anwalt und als Unternehmensberater. In unseren Toastmasters Clubs feilten wir weiter an unserer Redekunst. Heute sind wir als professionelle Redner und Trainer weltweit im Einsatz: von Buenos Aires bis Berlin, von Nowosibirsk bis Nürnberg, von Washington D.C. bis zum Karnevalsverein Weidach.

Auf unserer rhetorischen Reise haben wir einen ganz speziellen Freund kennengelernt. Einen Freund namens TED.

FLORIAN

»Florian, kannst du euer Europaprojekt auf unserem nächsten TEDx-Event in Barcelona präsentieren?« Diese Frage von José Cruset, einem deutsch-spanischen Kurator von TEDx-Veranstaltungen seit 2009, veränderte alles. Vier Jahre lang hatte ich mit Berliner Partnern an der Idee für ein europäisches Kulturfestival gearbeitet: *The Festival. One Week, One Europe.* **Es sollte Leute, die sich als Europäer fühlen, in Berlin zusammenbringen, um die europäische Idee zum ersten Mal gemeinsam zu feiern.**

Ich hatte meinen sicheren Job in einer Unternehmensberatung an den Nagel gehängt und wollte meinen Traum verwirklichen. Im April 2009, sechs Monate nachdem ich das Unternehmen verlassen hatte, war ich buchstäblich pleite. Ich brauchte Geld. Ich musste meinen Sohn Alvaro unterstützen. Aus der Not heraus beschloss ich, meine Leidenschaft für Public Speaking zum Beruf zu machen.

Ein Jahr später bereitete ich mich auf meinen TEDx-Talk über das europäische Projekt vor. Der 7. Juli 2010 wird immer ein persönlicher Meilenstein auf meinem Weg zum international etablierten professionellen Redner bleiben.

Ich verwende den TEDx-Talk nach wie vor für die eigene Vermarktung. Sehen heißt glauben. Im August 2014 war ich einer der Hauptredner auf der globalen Jahreskonferenz von Toastmasters International in Kuala Lumpur, Malaysia. Sally, zu der Zeit COO von Toastmasters International, sagte mir: »Wir haben deinen TEDx-Talk über dieses europäische Projekt gesehen, und wir lieben deine Energie und Bühnenpräsenz.« Kein TEDx-Talk, keine Rede in Kuala Lumpur.

Heute produziere ich Videos für YouTube, Promovideos, einen Onlinekurs für Hochzeitsreden und, zusammen mit John, eine App für ein Rhetorikbrettspiel. Seit meinem TEDx-Talk spielt die visuelle Kommunikation eine tragende Rolle in meinem Leben.

JOHN

Aufgewachsen in Kanada, führten mich meine Interessen zu Abschlüssen in Internationalen Beziehungen und Recht. Nach der Uni heuerte ich bei einer der größten Kanzleien in Kanada an, wo ich mich auf Handels- und Umweltrecht spezialisierte. Dort war es auch, wo ich meine Rhetorikfähigkeiten erstmals trainieren und anwenden konnte.

Im Jahr 1998 nutzte ich eine einmalige Chance und wechselte zu den Vereinten Nationen in Genf – vom privaten in den öffentlichen Sektor. Dort und später bei der Internationalen Organisation für Migration sowie der Weltgesundheitsorganisation (WHO) sammelte ich unschätzbare Erfahrungen mit Vorträgen vor internationalen Auditorien.

Im Oktober 2013 verließ ich die WHO, um mich voll und ganz der Rhetorik zu widmen. Diese Entscheidung führte mich auch zu meinem TEDx-Talk in Lausanne. Das Thema war: Risiken im Leben eingehen. Auf dieser Bühne zu stehen und meine persönliche Geschichte mit 700 Menschen zu teilen, war eine einzigartige Erfahrung.

Wie bei Florian hat auch mir mein TEDx-Talk Türen geöffnet. Wie er, war auch ich einer der Hauptredner an der globalen Jahreskonferenz von Toastmasters International, aber zwei Jahre später und in Washington, D.C. Dreimal darfst du raten, welches Bewerbervideo ich geschickt habe … meinen TEDx-Talk!

Regelmäßig erhalte ich Nachrichten von Menschen aus der ganzen Welt, die mir sagen, dass sie mein

Vortrag inspiriert hat. Florian und ich sind der Meinung, dass ein TEDx-Talk eine der besten Visitenkarten ist, die man haben kann.

TED.com fasziniert Menschen seit 2006 im Internet. Wenn du schon mal einen TED- oder TEDx-Event besucht hast oder sogar schon mal als Redner teilgenommen hast, weißt du, wie stimulierend die Erfahrung ist. Und wenn du noch nie etwas von TED gehört hast? Kein Problem, du wirst es lieben.

TED-Talks haben die Macht, etwas in der Welt zu bewegen. Wir wollen, dass du etwas in der Welt bewegst. Das ist unsere Inspiration für dieses Buch.

Willkommen zu deinem ganz persönlichen TED-Effekt!

Florian und John

Präsentieren im 21. Jahrhundert

Ideen gehen unter

Hattest du schon mal eine brillante Idee? Eine Idee mit dem Potenzial, eine echte Veränderung zu bewirken? Aber irgendwie konntest du andere nicht auf deine Seite ziehen? Du konntest deine Idee nicht klar und überzeugend kommunizieren?

Lee Iacocca, früherer Präsident und CEO der Chrysler Corporation, hat einmal gesagt: »Du kannst brillante Ideen haben, aber wenn du sie nicht vermitteln kannst, werden dich deine Ideen nicht weiterbringen.«

Vielleicht hast du gerade eine Idee: ein neues Produkt, das unser Leben leichter macht, oder wie du einen Prozess auf der Arbeit vereinfachen kannst, der Zeit und Kosten spart, oder das nächste Uber oder Airbnb oder eine Initiative für die Schwächsten unserer Gesellschaft. Egal, welche Idee du hast, wenn du sie zum Leben erwecken und wachsen sehen willst, musst du in der Lage sein, sie an andere überzeugend und einprägsam zu kommunizieren.

Das ist leichter gesagt als getan. In der heutigen schnelllebigen Welt ist unsere Aufmerksamkeit ein Premiumgut. Von der Werbung zu Anrufen über Facebook zu YouTube und Instagram – wir werden ständig zugeschüttet mit Informationen. Denke nur an WhatsApp!

Selbst wenn wir alles andere ignorieren könnten, die reine Anzahl von E-Mails, die wir jeden Tag erhalten, ist überwältigend. Radicati Group, ein auf Technologie spezialisiertes Marktforschungsinstitut aus Kalifornien, hat errechnet, dass alleine im Jahr 2015 jeden Tag 205 Milliarden E-Mails verschickt und empfangen wurden. Nach Schätzungen wird diese Zahl bis zum Jahr 2019 auf 246 Milliarden E-Mails pro Tag wachsen. Kein Wunder, dass eine Microsoft-Studie aus dem Jahr 2015 besagt, unsere Aufmerksamkeitsspanne bei der Verwendung von Smartphones sei auf acht Sekunden gefallen.

Und jetzt kommst du mit deiner brillanten Idee. Du hast 30 Minuten oder 18 Minuten oder 10 Minuten, um dein Publikum von deiner Idee zu begeistern. Und sie muss in Erinnerung bleiben. Nach deinem Vortrag gehen die Leute zurück nach Hause oder in ihre Büros und werden sofort wieder mit neuen Informationen zugeschüttet. Hinterlässt du mit deiner Präsentation keinen bleibenden Eindruck, wird es mit deiner Idee nicht weit kommen.

Du musst dein Publikum aufrütteln, motivieren und inspirieren. Visuell oder nicht, wenn dein Vortrag nicht heraussticht aus der grauen Masse, wird er weggespült wie all die 1.000 anderen und du wirst eine Chance verpasst haben. Die gute Nachricht ist: Du kannst es schaffen!

Jeder kann reden!

Nicht alle von uns sind so eloquent wie Helmut Schmidt, Harald Schmidt oder Michelle Obama. Nicht jeder von uns wird vor Tausenden von Zuhörern auf einer Bühne stehen. Dennoch ist gut reden zu können enorm wichtig. Zum Beispiel ist eine der wichtigsten Eigenschaften, die Arbeitgeber von Jobbewerbern erwarten, die Fähigkeit, gut kommunizieren zu können.

Viele Menschen glauben, sie selbst seien keine guten Redner, und vermeiden es deshalb tunlichst, vor Gruppen zu stehen. Aber die Geschichte eines der größten Redner des alten Griechenlands kann denjenigen, die den Fehler machen zu denken, sie könnten nie gute Rhetoriker werden, eine Lehre sein.

Der Name des Redners lautet Demosthenes. Er lebte von 384 bis 322 vor Christus. Als er noch ein Junge war, stand Demosthenes vor einer Reihe von Herausforderungen. Er war schüchtern und hatte eine schwache Stimme. Noch dazu stotterte er. Aber Demosthenes wollte unbedingt ein Redner werden. Und für dieses Ziel arbeitete er sehr hart an sich.

Um sein Stottern loszuwerden, sprach Demosthenes mit kleinen Kieselsteinen im Mund. Auf diese Weise zwang er sich, die Worte klarer auszusprechen. Er baute sich einen unterirdischen Raum, in dem er die großen Reden der wichtigsten Rhetoriker seiner Zeit studierte. Um sein Stimmvolumen zu erhöhen, übte er seine Reden, während er rannte. Seine Redekunst verbesserte sich, sein Selbstvertrauen stieg stetig, Demosthenes wurde einer der besten Redner aller Zeiten.

Die Geschichte von Demosthenes ist von Bedeutung, weil sie eine tiefere Wahrheit offen ausspricht: Public Speaking ist eine Fähigkeit, die *jeder* verbessern kann. Demosthenes konnte ein besserer Redner werden – und du kannst es auch. Mach nicht den Fehler zu glauben, du könntest kein großer Redner werden.

Lass dich von den klugen Worten des amerikanischen Dichters Ralph Waldo Emerson inspirieren: »Alle großartigen Redner waren schlechte Redner am Anfang.«

Diese Inspiration brauchst du, wenn du nicht eine große Marketingchance des 21. Jahrhunderts – für deine Produkte, für deine Services, für deine Ideen, für dich – verpassen willst.

Ein fünftes »P«

Universität Bamberg. 1998. Professor Dr. Frank Wimmer hämmert den klassischen Marketing-Mix in die Köpfe zukünftiger Marketingdirektoren von Procter & Gamble, Unilever und Nestlé. Jeder, der einmal Marketing studiert hat, kennt die vier »P« des Marketing-Mix: *Product, Price, Place* und *Promotion*.

Vereinfacht funktioniert der Marketing-Mix so:

Du hast ein Produkt, zum Beispiel eine Weinflasche. Du produzierst einen tollen *Cabernet Sauvignon* und willst den Wein vermarkten. Wie gehst du vor?

Wenn du an das *Product* selber denkst, beantwortest du Fragen wie:

- Welche Informationen sollen auf das Weinlabel gedruckt werden?
- Soll die Flasche einen traditionellen Korken haben oder einen aus Plastik oder einen Schraubverschluss?

Price betrifft die Preisstrategie.

- Kostet die Flasche 3,99 Euro oder 15,99 Euro?
- Planst du mit Angeboten?

Place bezieht sich darauf, wo das Produkt verkauft werden soll.

- Soll der Wein nur in einer bestimmten Region verkauft werden oder national oder international?
- Wie sieht die Logistik aus?

Das vierte »P« heißt *Promotion*.

- Wie soll der Wein beworben werden?
- Planst du mit traditionellen Medien (Zeitungen, Magazine), sozialen Medien oder einer Kombination aus beiden?

Die vier »P« sind gute Bekannte in der Marketingwelt. Das letzte »P«, *Promotion,* interessiert uns als Redner besonders, weil es ein fünftes »P« enthält. Eines, das es aus unserer Sicht verdient hat, alleine dazustehen. Es ist etwas, das mehr bedeuten kann als einen mächtigen Schub für dein Geschäft oder deine Organisation. Etwas, das mehr kann als nur helfen, dein Produkt, deinen Service oder deine Idee zu promoten. Es ist etwas, das dich in die Lage versetzen kann, das Leben von Menschen positiv zu beeinflussen.

Das »fünfte P« steht für *Public Speaking.*

Dank talentierter und trainierter Redner wie Steve Jobs, dank Plattformen wie YouTube und Facebook und ihrer Massendistribution von visuellen Inhalten verleiht dir die Fähigkeit, gut vor Gruppen von Menschen reden zu können, eine nie da gewesene Marketingmacht.

Als professionelle Redner sitzen wir in den Auditorien des Unternehmenswandels in der ersten Reihe. Wir erleben bei vielen Führungskräften einen Sinneswandel. Sie haben genug von langweiligen Standardpräsentationen und Worthülsen-Tsunamis. Sie wollen ihre Ideen besser verkaufen. Sie wollen etwas bewegen. Sie wollen den TED-Effekt!

Nur: So einfach ist das alles nicht.

Die Technik-Challenge

Vor 2.500 Jahren erklärte der griechische Philosoph Heraklit, der Wandel sei die einzige Konstante. Er wäre schockiert, wenn er den tagtäglichen konstanten Wandel des 21. Jahrhunderts erleben würde. Fortschritte in Wissenschaft, Ingenieurswesen, Technologie, Robotik, künstlicher Intelligenz und virtueller Realität erschüttern die Grundfeste unserer Gesellschaft. Und auch die Art, wie wir Geschäfte machen.

Die Automatisierung unseres Lebens bedroht alles, was in einen Algorithmus übersetzt werden kann. Und wer könnte verneinen, dass der Prozess schon längst begonnen hat? Einige Dinge allerdings werden auch weiterhin nach einer menschlichen Note verlangen.

Gerd Leonhard ist ein führender deutscher Zukunftsforscher und Autor. *Wired UK* hat ihn als einen der Top-100-Beeinflusser der Welt gelistet. Auf seiner Webseite (futuristgerd.com) sagt Leonhard, dass jeglicher Output der linken Gehirnhälfte, der logischen Seite, Gegenstand der Automatisierung sein kann. Die rechte Gehirnhälfte jedoch hat eine Zukunft. Sie kontrolliert zum Beispiel unsere Vorstellungskraft, unsere Kreativität, Empathie und unsere Fähigkeit, Geschichten zu erzählen. Alle davon sind wichtige Businesskompetenzen und haben eine rosige Zukunft.

In seinem *New York Times*-Bestseller *A Whole New Mind: Why Right-Brainers Will Rule the Future* kommt der amerikanische Autor und Businessvisionär Daniel Pink zu demselben Schluss. Laut Pink gibt es heutzutage eine Prämie für Dinge wie Design, Geschichten, Empathie, Spiel und Sinn.

Und was benötigen all diese Fähigkeiten am Ende? Kommunikation. Präsentationen. Public Speaking. Wer gut reden kann, wird eine Kompetenz besitzen, die (noch) kein Computer ersetzen kann. Unternehmen und Organisationen werden diese Menschen suchen und ihre Leistungen respektieren. Aber wenn du im 21. Jahrhundert gut kommunizieren willst, kommst du an der technischen Revolution nicht vorbei.

Public Speaking ist gegen die rapiden Veränderungen nicht immun. Die Tentakel der Technologie reichen auch in dieses Feld. Facebook, Webinare, YouTube – visuelle Technologien verändern die Spielregeln. Wir sind überzeugt, dass diese Veränderungen ein riesiges Potenzial für gute Redner bedeuten.

Technologie lässt uns unsere Ideen mit Leuten auf der ganzen Welt teilen. Wenn du auf einer Bühne vor »echten Menschen« präsentierst, können deine Vorträge gefilmt werden. Tausende oder sogar Millionen von Menschen können sie sehen. Deine Vorträge können dich dank des Internets sogar überleben. Auch präsentieren wir mehr und mehr hinter einem Computerbildschirm. Oft siehst du dein Publikum gar nicht mehr. Und manchmal kannst du es nicht einmal hören.

Diese ultraschnellen technologischen Fortschritte sind großartig, doch stellen sie uns Redner auch vor tsunamigroße Herausforderungen. Herausforderungen, denen wir uns vor dem Hintergrund des Aufstiegs visueller Präsentationen stellen müssen.

Der Aufstieg visueller Präsentationen

»Ideas worth spreading«

»TED? Was ist TED?«

TED ist nicht der Name eines unserer Onkel und es ist auch nicht die Kurzform von Teddybär. TED ist eine Reihe von Konferenzen, die von einer gemeinnützigen Organisation mit Sitz in New York City geleitet werden. TED ist ein Akronym und steht für »Technology, Entertainment and Design«.

TED wurde 1984 in Südkalifornien gegründet. Es sollte eine einmalige Konferenz über das Zusammenspiel von, wie der Name sagt, Technologie, Entertainment und Design sein. Auf dieser ersten Veranstaltung gab es Vorführungen von bahnbrechenden Technologien ihrer Zeit wie zum Beispiel der Compact Disc (CD) und des E-Books.

So interessant die Veranstaltung auch war, sie verbrannte Geld und TED fiel in einen Winterschlaf, der bis 1990 andauern sollte. Der zweite Event war ein Erfolg und TED wurde zu einer jährlichen Veranstaltung.

Trotzdem war die Organisation noch nicht auf der sicheren Seite. 2002 drohte die Schließung, sollte TED nicht mehr Unterstützer gewinnen. Das TED-Team um Kurator Chris Anderson hielt durch und heute hat sich TED zu einem weltweiten Phänomen entwickelt.

Seit 2006 hat TED mehr als 2.300 TED-Talks online gestellt. Es gibt einen jährlichen Event in Vancouver, Kanada, und einen jährlichen TEDGlobal event, der in verschiedenen Städten rund um die Welt abgehalten wird. Es gibt auch TEDWomen- und TEDYouth-Veranstaltungen sowie einen TED-Podcast.

Zudem haben sich Tausende von lokalen TEDx-Events etabliert. Dies sind lokal und unabhängig organisierte Veranstaltungen im TED-Stil. Sie werden in Dutzenden von Sprachen weltweit abgehalten. Zum Beispiel zeigte die TED-Webseite für den 17. Dezember 2016, dass alleine an diesem Tag 20 TEDx-Talks in Ländern wie China, Türkei, Simbabwe, Martinique, Griechenland, Italien, Indien und den USA stattfanden. Jedes Jahr gibt es TEDx-Events in Berlin, München, Frankfurt am Main, Hamburg und in anderen Städten in ganz Deutschland.

Du kannst Tausende von TEDx-Talk kostenlos auf YouTube und anderswo im Internet anschauen. Dank freiwilliger Übersetzer sind für die meisten TED-Talks Untertitel in über 100 Sprachen verfügbar. Als dieses Buch zum ersten Mal gedruckt wurde, gab es 1.988 TED-Talks mit deutschen Untertiteln (bit.ly/2hGoJLH) und viele TEDx-Talks in deutscher Sprache (bit.ly/2aeHMHv).

TED-Talks sind kurz, 18 Minuten oder weniger. Um was geht es bei all diesen Vorträgen? Das menschliche Hirn, Religion, interstellare Reisen, Physik, Kreativität, Dinosaurier, künstliche Intelligenz, Bildung, Musik … Wir könnten diese Liste seitenlang fortsetzen, aber wir müssen dieses Buch fertig schreiben …

Die kurze Antwort lautet: Ein TED-Talk kann sich um alles drehen, solange es sich dabei um eine lohnende Idee handelt. Der

Slogan von TED ist nicht umsonst »Ideas Worth Spreading« – Ideen, deren Verbreitung sich lohnt. TED- und TEDx-Organisatoren wählen für ihre Konferenzen Themen und Redner aus. Die Organisatoren arbeiten ohne Bezahlung. Ihr Antrieb ist ihre Leidenschaft, Menschen dabei zu helfen, dass sie ihre Ideen verbreiten können, die einen Unterschied machen.

In einem kurzen Video-Talk mit dem Titel *TED's secret to great Public Speaking* (bit.ly/1OabltA) erklärt Chris Anderson, worin für ihn ein guter TED-Talk besteht. Gute TED-Talks machen einen Unterschied. Sie haben einen Effekt. Sogar Leute, die keinerlei Absicht haben, jemals einen TED- oder TEDx-Talk zu geben, wollen den »TED-Effekt« haben, wenn sie etwas präsentieren.

Der TED-Effekt

»Helft uns, Präsentationen zu geben wie bei TED« ist ein Wunsch, den wir oft hören. Unternehmen und Organisationen bitten uns, ihre großen Präsentationen im Stile von TED zu gestalten, weil sie ihr Zielpublikum genauso in den Bann ziehen wollen, wie es TED-Redner schaffen. Sie wollen den TED-Effekt.

JOHN

2016 erhielt ich einen Anruf von einem der größten Tabakkonzerne der Welt. Führungskräfte aus dem globalen Marketingteam hatten meinen TEDx-Talk gesehen. Sie kontaktierten mich, um zu sehen, ob ich ihnen dabei helfen könnte, eines ihrer neuen Produkte mit einer Präsentation à la TED zu pushen. Sie wollten ihre Verkaufspräsentation attraktiver für das Publikum gestalten.

Ich fühlte mich geehrt, dass sie mein TEDx-Talk dazu bewegt hatte, mich um Hilfe zu bitten. Wir führten ein langes und angenehmes Telefonat. Am Ende habe ich ihr Angebot ausgeschlagen. Ich denke, ich habe zu lange für die Weltgesundheitsorganisation gearbeitet, um mit einem Tabakkonzern zu kooperieren.

Ob du meine Entscheidung gutheißt oder nicht, ist nicht der Punkt. Die Chance ergab sich, weil dieses Unternehmen um die Macht eines TED-Talks wusste. Das ist der Punkt.

Führungskräfte in Unternehmen wollen den TED-Effekt nicht nur, um ihre Produkte und Dienstleistungen zu promoten. Sie wollen auch ihre Marke in gutem Licht präsentieren. Warum? Weil es ein neuer Weg ist, die besten Talente am Markt anzulocken und für sich zu gewinnen.

Mehr denn je müssen Unternehmen um die besten Talente kämpfen. Harte Headhunter wie LinkedIn haben den Arbeitsmarkt in unsere Computer katapultiert. Talente können aus einer Vielzahl von Angeboten wählen.

Auch oder gerade Technologieunternehmen müssen sich diesem Phänomen beugen. Gute Leute zu finden ist heute schwieriger als sieben Zwerge für Schneewittchen – in Hamburg! Einige Unternehmen, wie einer unserer Kunden, begegnen dieser Herausforderung mit visuellen Präsentationen.

Für seine Wachstumsstrategie brauchte ein großer europäischer E-Commerce-Player Horden von Techies und Programmierern. Aber die arbeiten nicht nur für Geld. Viele von ihnen lieben auch intellektuelle und technische Herausforderungen. Das

Letzte, was sie wollen, sind langweilige Standardthemen in einer großen E-Commerce-Firma.

Aber die E-Commerce-Strategie dieses Unternehmens war Teil einer viel breiteren Vision: einer Vision, das Ökosystem im Modehandel, wie wir es heute kennen, zu verändern. Es war eine fette Vision, es war eine riesige Herausforderung, es war der Traum eines jeden Techies.

Also was machte das Tech-Führungsteam des Unternehmens? Sie starteten eine ambitionierte Public-Speaking-Initiative. Das gesamte Führungsteam nahm an Präsentationstrainings teil.

Heute schickt das Unternehmen seine Topleute auf die wichtigen Tech-Events rund um den Globus. Sie versuchen nicht länger, Tech-Talente nur mittels eines veralteten Prozesses aus dem 20. Jahrhundert zu akquirieren. Stattdessen ködern sie die besten Leute mit rhetorischen Techniken, die auf den griechischen Philosophen Aristoteles zurückgehen. Jetzt kommunizieren sie ihre Vision aktiv auf Topevents. Sie wissen, dass die meisten dieser Vorträge gefilmt und einer globalen Community von Techies zugänglich gemacht werden. Die Public-Speaking-Strategie funktioniert.

Das überrascht uns nicht. Wir kennen die Macht des TED-Effekts aus erster Hand. Im Anhang findest du die Links zu unseren TEDx-Talks sowie eine detaillierte Analyse von beiden.

Aber was ist mit dir? Auf welcher Reise befindest du dich? Willst du ein Produkt verkaufen oder einen Service? Träumst du davon, dein Unternehmen zu inspirieren, deine Community, die Welt?

Egal, ob du einen Vortrag vor fünf oder vor 500 Leuten halten willst, egal ob live oder via Internet, betrachte dieses Buch als deinen Coach. Es wird dir helfen, deinen eigenen TED-Effekt zu erzielen.

Von Dumbledore bis Yoda

Was würde Harry Potter ohne Albus Dumbledore machen?

Was würde Luke Skywalker ohne Yoda tun?

Was würde Angela Merkel … Okay, einige Leute können nicht gecoacht werden.

Wenn du wirklich den Wunsch hast, deine Redekunst zu verbessern, sind Anleitung und konstruktives Feedback essenziell. Ja, Übung macht den Meister, und Vorträge halten vor Publikum (real oder virtuell) ist ein Muss, aber wenn du schlechte Gewohnheiten hast und sie nicht korrigierst, wird das Einzige, was dir gelingt, sein, diese schlechten Gewohnheiten permanent zu verfestigen. Der effektivste Weg, wie wir als Redner besser werden, ist, gutes, umsetzbares Feedback zu bekommen. Wir beide geben uns regelmäßig Feedback. Feedback von Menschen, denen wir vertrauen, ist der Treibstoff für die rhetorische Maschine.

Ein Redecoach ist jemand, der dir beim Reden zuschaut und konstruktives, unvoreingenommenes Feedback gibt, das dich voranbringt. Ein erfahrener Redecoach kann schnell Verbesserungspotenziale erkennen und dir konkrete Anweisungen geben, wie du sie realisieren kannst.

Genauso wichtig ist es, dass dir ein erfahrener Redecoach dabei helfen kann, gute Qualitäten zu erkennen, die du bereits als Redner hast. Viele Leute sind sich ihrer positiven rhetorischen Fähigkeiten nicht bewusst. Sie fokussieren nur die »schlechten«, und das vernebelt den Gesamteindruck, den sie von sich selbst haben. Ein Redecoach kann dir dabei helfen, deine Stärken zu verstehen, sodass du diese Stärken öfter ausspielen und sogar verbessern kannst.

Gute Redecoaches inspirieren ihre Kunden auch mit neuen Ideen und neuen Denkansätzen. Sie erweitern ihre Horizonte und helfen ihnen dabei, Dinge zu realisieren, die vorher unerreichbar schienen. »Was könntest du noch besser machen?« ist eine typische Frage, die ein guter Coach stellen würde. Du wärst erstaunt darüber, wie oft du eine Antwort parat hast!

Coaching ist auch eine Herzensangelegenheit von TED. In einem Artikel über TED und TEDx (bit.ly/2idL6F6) zitiert das Magazin *Forbes* einen TEDx-Organisator: »TED ist Disziplin. Ich übe mit vielen meiner Redner, und so machen es auch viele andere Organisatoren. Es macht jede Präsentation sauber, verständlich und außergewöhnlich.«

Aber Feedback kann auch aus anderen Quellen kommen. Feedback ist überall. Es kann von deinen Kollegen, Freunden oder deinem Partner kommen. Bitte vor deinem nächsten wichtigen Vortrag jemanden, dir beim Üben zuzusehen. Frage die Person, was sie mochte und was aus ihrer Sicht noch besser sein könnte. Und am großen Tag bitte jemanden aus dem Publikum, dir nach der Präsentation Feedback zu geben.

Wir beide sind seit Jahren Redecoaches. Wir haben TED- und TEDx-Redner gecoacht, Führungskräfte in Unternehmen und Leute, die für gemeinnützige Verbände arbeiten. Wir haben mit Menschen mit unterschiedlichem sozialen Hintergrund gearbeitet, Menschen mit unterschiedlichem Bildungsstand und mit über 100 kulturellen Backgrounds. Zusammen haben wir mehr als 5.000 Menschen geholfen, ihre Public-Speaking-Fähigkeiten zu verbessern. Dieses gesammelte Wissen haben wir in diesem Buch verarbeitet.

Hier ist die Übersicht über deinen persönlichen Coaching-Plan:

- In Teil I lernst du einen simplen Prozess zur Vorbereitung und Strukturierung deiner visuellen Präsentationen kennen.
- Teil II widmet sich voll und ganz dem Thema *Visuals* und wie du mit kraftvollen visuellen Hilfsmitteln deinen Vortrag unterstützen kannst.
- Teil III zeigt dir, wie du die Bühne beherrschen kannst, während du vor deinem Publikum und den Kameras stehst.
- Teil IV stellt sicher, dass auch deine Onlinepräsentationen sicher und glatt laufen.
- In Teil V erkundest du die wichtigsten Visuals von allen – die, welche du in den Köpfen deines Publikums kreierst.
- Teil VI widmet sich einigen Gedanken über innovative Technologien und wie sie in der Welt von Public Speaking an Bedeutung gewinnen.

An die Arbeit!

Teil I: Vorbereitung

Egal ob TED-Talk, eine neue Produktpräsentation oder eine Hochzeitsrede für deinen YouTube-Familienkanal oder deine Facebook-Seite – jeder Vortrag ist anders. Jedes Thema ist anders, jedes Publikum ist anders, jede Situation ist anders. Aber egal welches Szenario, jeder gute Vortrag ist das Ergebnis einer guten Vorbereitung.

Die Basis für deinen TED-Effekt

Visuelle Präsentationen können einen dauernden Eindruck im Internet hinterlassen. Aber lange bevor du die Bühne betrittst, beginnt alles mit der Vorbereitung. Benjamin Franklin, einer der Gründerväter der USA und das Gesicht auf dem 100-Dollar-Schein, sagte so schön: »Wenn du in der Vorbereitung versagst, bereitest du dich aufs Versagen vor.«

Zu viele Vorträge werden mit unzureichender Vorbereitung gehalten. Nicht nur, dass das Resultat oft eine verpasste Chance ist, es zeigt auch fehlende Wertschätzung für das Publikum. Hast du schon mal eine Präsentation erlebt, bei der klar war, dass sich der Redner nicht vorbereitet hatte? Wie hast du dich gefühlt? Möchtest du dein Publikum demselben Gefühl preisgeben?

Die besten Vorträge, also diejenigen, die scheinbar mühelos vonstattengehen, die uns bewegen und an die wir uns später erinnern, sind für gewöhnlich das Ergebnis sorgfältiger Vorbereitung.

Vorbereitung ist nicht sexy, Vorbereitung ist kein Spaß. Es ist wie das Badezimmer putzen zu müssen, bevor die Gäste kommen. Es kann mühsame Arbeit sein. Das Publikum weiß nicht, wie viel Zeit und Arbeit du in die Vorbereitung einer Präsentation gesteckt hast. Das Publikum sitzt nicht neben dir in den langen Nächten, um dir zuzuschauen, wie du Informationen für dein Thema sammelst, den Vortrag strukturierst, die Folien erstellst und deine Darbietung übst. Das Publikum kriegt nichts von alldem mit.

Aber wenn du dich sorgfältig vorbereitest, sieht und würdigt das Publikum das Resultat deiner Arbeit.

Wie viel Zeit solltest du in die Vorbereitung einer Präsentation investieren? Da gibt es keine einfache Antwort. Es kommt auf eine Reihe von Faktoren an wie die Länge des Vortrags oder wie gut du dein Thema beherrschst.

JOHN

Im Jahr 2013 nahm ich an einem Redewettbewerb von Toastmasters International teil. Nach vier Wettbewerbsrunden gewann ich die kontinentaleuropäische Meisterschaft und ein Ticket nach Cincinnati, Ohio, um an der Weltmeisterschaft teilzunehmen. Die Redezeit? Maximal sieben Minuten und 30 Sekunden.

Für diese sehr kurze Rede investierte ich über 150 Stunden an Vorbereitung (Schreiben der Rede, Optimieren, Üben vor verschiedenen Zuhörerschaften). Auch wenn ich den Wettbewerb nicht gewinnen konnte, wusste ich, dass ich alles gegeben

> **hatte. Diese Erfahrung war außergewöhnlich. Normalerweise habe ich nicht so viel Zeit zur Verfügung, um einen Vortrag vorzubereiten. Aber ich investiere immer so viel Zeit wie möglich.**

Dutzende von Stunden zu haben für die Vorbereitung deiner visuellen Präsentation, wäre ideal. Aber wir leben nicht in einer idealen Welt. Wir leben in der realen Welt. Wir haben viele Verpflichtungen, und die Zeit ist oft knapp. Trotzdem sind wir es unserem Publikum schuldig, einen Vortrag abzuliefern, der ihre Zeit wertschätzt.

Mit diesen Gedanken im Hinterkopf möchten wir dir eine einfache, aber enorm wirkungsvolle Übung ans Herz legen, die wir selber anwenden, wenn wir an einem neuen Vortrag arbeiten.

Die Übung dauert normalerweise zwischen 30 und 45 Minuten. Danach wirst du viel mehr Klarheit über die Inhalte deines Vortrags haben.

Bevor wir mit der Übung beginnen, schalte deinen Computer aus. Ja, du hast richtig gelesen.

Bitte verstehe uns nicht falsch: Wir lieben Technologie. Wir besitzen Smartphones und Tablets und Laptops. Wir sind sehr aktiv in den sozialen Medien, und selbstverständlich ist Technologie für einen großen Teil dieses Buchs wichtig.

Aber der Computer ist ein Werkzeug, und wie jedes Werkzeug musst du es für den richtigen Job, zur richtigen Zeit auf die richtige Art und Weise gebrauchen. Zu viele Leute begehen den Fehler, PowerPoint zu früh aufzumachen, um eine Folie nach der anderen mit Inhalten vollzustopfen. Du musst dieser Versuchung widerstehen. Du brauchst zunächst eine globalere Perspektive für deinen Vortrag.

Diese Übung in fünf Schritten hat das Ziel, dass du deine Ideen richtig anzupacken lernst. Also vergiss für eine Weile den Computer und hole dir ein gutes, altmodisches Stück Papier und einen Stift.

Schritt 1: Kenne das Terrain

Würde ein General seine Truppen in die Schlacht ziehen lassen, ohne vorher eine Karte des Terrains und die feindlichen Positionen genau studiert zu haben? Würden Eltern einen Road Trip mit der Familie planen, ohne vorher eine Route zu planen, die sicher ist für sie und ihre Kinder? Würde Bayern München ein Champions-League-Finale spielen, ohne vorher Videoanalysen des Gegners ausgewertet zu haben? Natürlich nicht. In jeder Situation würden sich die Beteiligten zunächst ein Bild machen von dem, was vor ihnen liegt.

Als Redner willst du genau das Gleiche tun. Aber was genau solltest du studieren? Auf der Bühne gibt es keine Landstraßen oder Flüsse oder Bergpässe. Und eine gegnerische Mannschaft gibt es auch nicht! (Selbst wenn du vor einem schwierigen Publikum sprichst, kannst du es nicht als Gegner betrachten!)

Es gibt jedoch immer drei Kernelemente für jede Vortragssituation. Wenn du eines der drei Elemente wegnimmst, hast du keine Vortragssituation. Es sind diese drei Elemente: der Redner, das Publikum und das Thema.

In seiner klassischen Schrift *Rhetorik* beschäftigt sich der antike Philosoph Aristoteles ausführlich mit den Beziehungen zwischen diesen drei Elementen. Wir empfehlen, dass du dir die Zeit nimmst und das Gleiche machst.

Da es sich um drei Elemente handelt, ist die Verwendung eines Dreiecks zur Strukturierung deiner Gedanken sinnvoll.

Male ein großes Dreieck auf ein Blatt Papier. Wo die Ecken sind, schreibe deinen Namen, das Vortragsthema und das Publikum , zu dem du sprechen wirst. So wie in der folgenden Grafik.

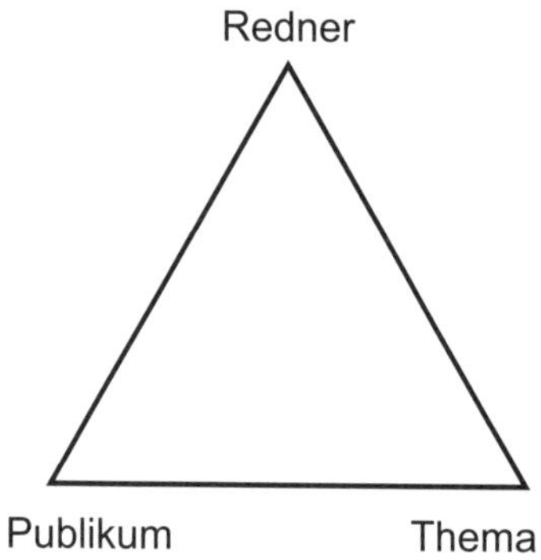

Jetzt denke nach und reflektiere über die Beziehungen zwischen den drei Elementen. Mach dir neben den drei Kanten Notizen zu diesen Beziehungen.

Zum Beispiel:

Redner – Thema

Was weißt du über das Thema? Warum sprichst du darüber? Welche Expertise hast du? Welche neuen Erkenntnisse kannst du mit dem Publikum teilen?

Publikum – Thema

Was weiß das Publikum über das Thema? Mögen sie es? Haben sie Angst davor? Auf welche Art ist das Thema relevant für das Publikum?

Redner – Publikum

Was weißt du über das Publikum? Was weiß das Publikum über dich? Was ist deine Beziehung zum Publikum?

Sobald du dir Notizen zu den drei Beziehungen gemacht hast, willst du dir auch Gedanken darüber machen, in welchem Umfeld dein Vortrag stattfindet. Das Umfeld kann die Analyse beeinflussen.

Stell dir zum Beispiel einen CEO vor, der zwei Jahre in Folge eine Rede auf der Aktionärsversammlung halten musste. Im ersten Jahr verzeichnete das Unternehmen super Ergebnisse. Die Gewinne waren gestiegen, das Unternehmen hatte Marktanteile gewonnen, der Aktienwert hatte sich verdoppelt. Das zweite Jahr war schrecklich. Das neue Produkt war ein Desaster, Marktanteile waren dahingeschmolzen, der Börsenwert in den Keller gepurzelt. Bei beiden Reden war es der gleiche Redner, das gleiche Publikum und das gleiche Thema (der Jahresbericht). Aber die beiden Situationen sind grundverschieden.

Hier sind einige Beispielfragen für dich, wenn du an die Redesituation denkst:

Sind es gute Zeiten? Harte Zeiten? Wie beeinflusst die aktuelle Situation möglicherweise das Vortragsthema? Wird die Situation einen Einfluss auf die Darbietung haben? Was wird mit mir und dem Publikum passieren, wenn die Präsentation gut läuft? Was wird passieren, wenn es nicht so gut läuft?

Während du über diese Fragen nachdenkst, geh noch mal durch die Dreiecksnotizen, ergänze sie und ändere sie gegebenenfalls ab.

Der Zweck dieses ersten Schritts ist es, ein so klares Bild wie möglich von den Kernelementen des Vortrags zu bekommen. Du willst eine breite Perspektive der Redelandschaft haben, bevor du den Fokus verengst. Du willst dein Terrain kennen.

Schritt 2: Definiere dein Ziel

Du willst mit deinem Vortrag etwas bewegen. Du willst etwas verändern. Das wird dir nur dann gelingen, wenn von Beginn an glasklar ist, was genau du erreichen willst.

Denke im zweiten Schritt über dein Ziel nach. Eine Rede ohne Ziel ist wie ein Schiff ohne Hafen. Was ist dein Ziel? Was soll dein Publikum machen, wenn dein Vortrag zu Ende ist?

Dein Ziel könnte alles sein. Hier sind einige mögliche Ziele für einen Businessvortrag: A) Du willst, dass Geldgeber in dein Start-up investieren. B) Du willst, dass Leute euer neuestes Produkt kaufen. C) Du willst euer Unternehmen als den besten Arbeitsplatz für Softwaredesigner positionieren. Die Liste ließe sich endlos fortsetzen.

Wenn wir mit Kunden an ihren Vorträgen basteln, fragen wir sie immer nach dem Ziel. Oft hören wir als Antwort: »Ich will meine Zuhörer nur über X informieren.«

Unsere Antwort lautet dann: »Wirklich? Das ist alles? Wenn du uns nur über X informieren willst, schick uns ein PDF. Warum müssen wir eine 45-minütige Präsentation durchstehen, wenn wir ein Dokument in zehn Minuten lesen können? Verschwende bitte nicht unsere Zeit.«

Wenn dein Ziel ist, dass wir, die Zuhörer, danach mehr wissen, geht das soweit in Ordnung. Nur geht es nicht sehr weit. Wenn dein Ziel hingegen ist, uns zu irgendeiner Handlung zu bewegen oder eine unserer tief verwurzelten Überzeugungen infrage zu stellen und über ein Thema radikal neu zu denken, dann interessiert es uns. Dann sind wir mit an Bord. Dann ist es ein Vortrag mit TED-Effekt.

Und wenn du es noch schaffst, dein Publikum – im Auditorium oder vor den Bildschirmen – zu einem konkreten ersten Schritt zu bewegen, steigen die Chancen noch, dass du dein Ziel erreichen wirst. Warum? Weil jede erste Handlung, egal wie klein, ein psychologisches Bekenntnis hin zum nächsten Schritt des Wandels ist.

Der amerikanische Psychologie- und Marketingprofessor Robert Cialdini, Autor des Marketingklassikers *Die Psychologie des Überzeugens,* weist darauf hin:

> »Bei Menschen, die sich einer Idee oder einem Ziel mündlich oder schriftlich verpflichten, ist es wahrscheinlicher, dass sie ihrer Verpflichtung nachkommen, weil sich die Idee oder das Ziel deckungsgleich mit ihrem Selbstbild etabliert hat.«

Eine symbolische Handlung des Publikums erhöht dessen Einsatzbereitschaft für dein Anliegen. Stell dir zum Beispiel vor, du hältst einen Vortrag über die Vorteile regelmäßiger körperlicher Betätigung. Dein Ziel: Die Zuhörer sollen einmal pro Woche 45 Minuten lang spazieren gehen. Logischerweise kannst du nicht jedem hinterherrennen und überprüfen, ob sie das am Ende auch tun. Aber du kannst eine kleine, konkrete Handlung von ihnen einfordern, solange sie im Publikum sitzen. Du kannst sie bitten, ihre Kalender zu öffnen (elektronisch oder auf Papier) und einen 45-Minuten-Termin in der kommenden Woche für einen Spaziergang zu blocken. Diese kleine Handlung kann große Wirkung haben.

Wenn du dein Publikum aufforderst, zu handeln und einen ersten Schritt zu gehen, müssen sie genau wissen, was sie tun sollen – und sie müssen auch in der Lage sein, dies zu tun. Wenn du dir solch eine Handlung überlegst, empfehlen sich als Checkliste die folgenden drei S-Wörter:

- simpel
- spezifisch
- symbolisch

Beispiele für simple, spezifische und symbolische Handlungen sind:

- Spendet 1 Euro für eine gute Sache mit eurem Smartphone.
- Schließt eure Augen und atmet dreimal hintereinander tief durch.
- Sendet eine WhatsApp an jemanden, der euch nahesteht, und schreibt ihm oder ihr, wie ihr euch fühlt.

Zurück zu unserem Spaziergang. Als Ziel für deinen Vortrag könntest du definieren: »Ich will, dass mein Publikum einmal pro Woche 45 Minuten spazieren geht.«

Für deine simple, spezifische und symbolische Handlung könntest du Folgendes festhalten: »Am Ende meines Vortrags will ich, dass meine Zuhörer ihre Kalender öffnen und einen 45-Minuten-Slot für ihren ersten Spaziergang blocken.«

Egal, welche Rede oder Präsentation du in Zukunft halten wirst, stelle sicher, dass du ein glasklares Ziel vor Augen hast und einen ersten Schritt für dein Publikum. Denk an deinen nächsten Vortrag und vervollständige die beiden folgenden Sätze:

Mein Ziel ist es, ______________________________________.

Am Ende meines Vortrags will ich, dass mein Publikum ______
________________________________.

Schritt 3: Definiere deine Botschaft

Ein Vortrag sollte eine einzige Botschaft haben. Umso mehr Botschaften du vermitteln willst, desto komplizierter dein Talk. Umso komplizierter dein Talk, desto weniger wird beim Publikum hängen bleiben. Umso weniger hängen bleibt, desto schwächer dein TED-Effekt.

Kommt dir die folgende Situation bekannt vor? Du sitzt in einem Besprechungszimmer. Dein Kollege steht auf und geht ans Ende des langen, schweren Holztisches. Er stellt sich neben die Leinwand und fängt an, seine Folien zu präsentieren. Nach zehn endlosen, langweiligen Minuten weißt du immer noch nicht, wo die Reise hingeht.

Zu oft plätschert eine Präsentation vor sich hin und hinterlässt verwirrte Zuhörer, weil sie nicht verstehen, um was es eigentlich geht. Sehr oft liegt das ganz einfach daran, dass sich der Redner vorher nicht hinreichend Gedanken über seine Botschaft gemacht hat. Die Folge ist ein unstimmiger Vortrag.

An was soll sich dein Publikum erinnern, selbst wenn sie alles andere, was du gesagt hast, vergessen? Fasse deine gesamte Präsentation in einem einzigen Satz zusammen. Diese Übung hilft dir, den Kern deines Vortrags zu definieren.

Deine Botschaft kann verschiedene Aspekte beinhalten, aber es ist immer noch eine Botschaft. Nehmen wir zum Beispiel an, du müsstest eine Präsentation vor dem Vorstand deiner Firma halten mit dem Ziel, eine Niederlassung in Singapur zu eröffnen. Deine Botschaft könnte lauten: Eine neue Niederlassung in Singapur bedeutet mehr Unternehmensgewinn. Die Gründe dafür könnten die hohe Nachfrage für die Produkte in der Region sein, lokale Steuervergünstigungen sowie hoch qualifizierte Arbeitskräfte.

Wenn du deinen Vortrag auf einen einzigen Satz eindampfst, wird die Botschaft klar. Und wenn du deine Botschaft noch kreativer vermitteln willst, findest du Inspiration in der Welt der Werbung:

- Vorsprung durch Technik. (Audi)
- Qualität ist das beste Rezept. (Dr. Oetker)
- Nichts ist unmöglich. (Toyota)
- Think different. (Apple)

Mit Kreativität und rhetorischen Mitteln wie der Alliteration (gleiche Anfangslaute bei benachbarten Wörtern) könnte deine Singapur-Botschaft so klingen: Singapur singt vor Gewinnen!

Zu kitschig? Vielleicht, aber sie werden es sich merken.

FLORIAN

Hugo ist ein lustiger, brillanter Typ aus Neuseeland. Sein Riesenlächeln, sein perfekt gestutzter Schnauzer und seine bunten Turnschuhe machen ihn unvergesslich. Hugo ist ein begnadeter Datenwissenschaftler. Er ist einer von denen, die den Sinn in Big Data finden. Nach einem Trainingstag in London waren wir noch auf einen Pint in einem großen Pub.

Er sagte zu mir: »Stell dir vor, dieser gesamte Laden wäre vollgestopft mit Tischtennisbällen. Vom Boden bis zur Decke. Überall weiße Tischtennisbälle. Tausende, Hunderttausende, Millionen von

Tischtennisbällen. Und einer davon ist rot. Mein Job ist es, den roten Ball zu finden.«

Ein paar Monate später arbeitete ich mit Hugo an seiner Keynote-Präsentation für einen führenden Gaming-Event in Köln. Es ging um Datenwissenschaft. Ich dachte: »Da sitzen Datenwissenschaftler, kreative Game Designer und visionäre Unternehmer im Publikum. Wie können wir nur diesen trockenen und rationalen mathematikbasierten Talk für alle relevant machen?«

Von den vier Stunden Redecoaching investierten wir eine ganz halbe Stunde nur in den einen Satz, die Botschaft. Es war, wie nach Hugos rotem Tischtennisball zu suchen. Am Ende fanden wir ihn. Drei Wörter, ein T-Shirt-Slogan: Spaß braucht Mathe.

Wenn du einmal die erste Version deiner Botschaft niedergeschrieben hast, höre nicht auf. Entwickle sie weiter, verfeinere sie, veredle sie. Stell sicher, dass sich die Zuhörer daran erinnern können. Stell sicher, dass sie sich den Spruch auf ihr T-Shirt drucken könnten. Mach deine Botschaft so klebrig wie Nike. *Just do it!*

Schritt 4: Mach deinen Vortrag relevant

Ein Vortrag dreht sich nie um den Redner oder sein Produkt oder seine Dienstleistung oder sein Unternehmen. Er dreht sich immer um das Publikum. Wenn Redner ihr Publikum an die erste Stelle rücken, dann können großartige Dinge mit einem Vortrag passieren.

TED-Kurator Chris Anderson sagt, Redner müssen ihrer Zuhörerschaft einen Grund geben, sich Gedanken zu machen. Sie müssen ihre Neugier wecken.

Im nächsten Schritt der Vorbereitung deines TED-Effekts wollen wir, dass du dir im Klaren darüber bist, warum sich dein Publikum für deine Botschaft interessieren sollte. Warum ist deine Botschaft wichtig für sie? Kannst du Gründe auflisten?

Denk an einen wichtigen Vortrag, den du bald halten wirst. Denk an die Botschaft. Liste fünf Gründe auf, warum ihnen deine Botschaft am Herzen liegen sollte:

- ______________________________
- ______________________________
- ______________________________
- ______________________________
- ______________________________

Wenn du keine Gründe finden kannst, hast du ein Problem. Entweder hältst du den falschen Vortrag vor diesen Leuten oder du sprichst zu den falschen Leuten. Aber wenn du weißt, warum er wichtig für sie ist, dann hast du die Basis geschaffen für einen Vortrag, der für dein Publikum von Bedeutung ist.

Dazu fällt uns ein passender und humorvoller Kommentar des früheren Managers für Presentation Research bei AT&T, Ken Haemer, ein:

»Eine Präsentation vorzubereiten, ohne an das Publikum zu denken, ist wie einen Liebesbrief ›An die zuständige Stelle‹ zu adressieren.«

Schritt 5: Strukturiere deinen Vortrag

Die vier bisherigen Schritte sorgen für gedankliche Klarheit, wenn du anfängst, deinen Vortrag vorzubereiten. Jetzt musst du deine Ideen auf stimmige Weise ordnen. In diesem Sinne ist ein Vortrag wie ein Gebäude: Wenn es nicht einstürzen soll, braucht es Struktur.

Kein Wunder also, dass das Speech Structure Building ein gutes Werkzeug ist, um deinem Vortrag Struktur zu verleihen. (Empfehlung: In Florians Buch *Der einfache Weg zum begeisternden Vortrag* wird im Detail beschrieben, wie du jeden Vortrag in vier einfachen Schritten bauen kannst.)

Den Vortrag bauen

Das Speech Structure Building ist die simple Visualisierung eines griechischen Tempels:

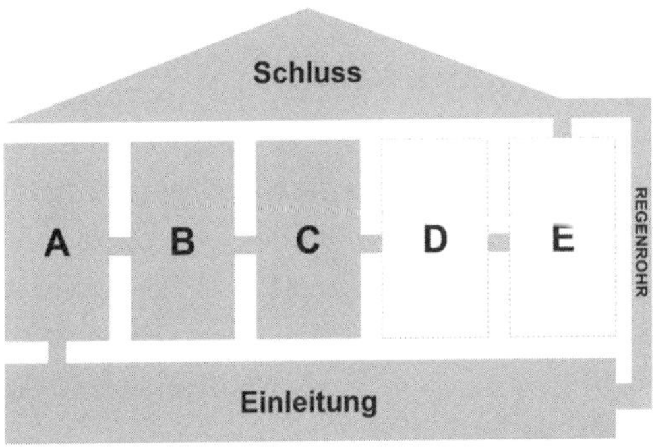

Es gibt ein Fundament, die Einleitung für deine Rede oder Präsentation. Hier solltest du die Aufmerksamkeit des Publikums an dich reißen, ihnen mitteilen, worum es in deinem Vortrag geht, und sie auf deine Reise mitnehmen.

Als Nächstes kommen die Säulen. Sie repräsentieren die verschiedenen Abschnitte, die Argumente deines Vortrags. Lass uns noch einmal das Singapur-Beispiel aufgreifen. Nehmen wir an, du bist gerade von einem Businesstrip nach Singapur als Teil des finalen Entscheidungsprozesses zurückgekehrt. Du bist zu dem Schluss gekommen, dass die Eröffnung einer Niederlassung eine kluge Entscheidung für das Unternehmen ist. Jetzt bereitest du deine Präsentation vor, um den Vorstand von diesem Investment zu überzeugen.

Die Säulen deiner Präsentation könnten sein: A) Marktchancen, B) Steuervergünstigungen und C) Arbeitskräfte. Von der Einleitung würdest du in die A-Säule überleiten und über die Marktchancen sprechen. Anschließend leitest du über in die B-Säule und sprichst über Steuervergünstigungen. Gefolgt von C.

Die drei Musketiere. Die drei kleinen Schweinchen. Die drei Tenöre. Drei ist die Zahl der Rhetorik, weil sich Leute drei Dinge merken können. Es müssen nicht unbedingt drei Säulen sein, aber wir empfehlen dir, nie mehr als fünf in Vorträgen zu verwenden.

Das Dach repräsentiert den Schluss der Rede. Hier hast du die Möglichkeit, die Hauptpunkte (A, B, C) zusammenzufassen, deine Botschaft zu unterstreichen und eine konkrete Handlung einzufordern. Aber beachte, wie das Dach im Bild oben mit dem Fundament verbunden ist. Das Regenrohr macht das Speech Structure Building so besonders. Es ist eine einfache Technik, deinen Vortrag am Ende rundzumachen. Das Regenrohr wirkt sehr professionell.

Im 2010er TED-Talk *Why we have too few women leaders* (bit.ly/1kxNGEd) von Facebooks Chief Operating Officer Sheryl Sandberg erlebst du ein kreatives Regenrohr im Einsatz. Sie beginnt ihren Talk mit Statistiken, die zeigen, dass Frauen es nicht in die Topliga ihrer Berufe schaffen. Die Zahl von Männern in vergleichbaren Positionen ist höher. Sandberg schließt ihren Vortrag mit den Worten:

> »Ich habe zwei Kinder. Ich habe einen fünf Jahre alten Sohn und eine drei Jahre alte Tochter. Ich möchte, dass mein Sohn die Wahl hat, seinen Beitrag im Berufsleben oder zu Hause zu leisten. Und ich möchte, dass meine Tochter die Wahl hat, nicht nur erfolgreich zu sein, sondern auch dafür gemocht zu werden.«

Das Gebäude einrichten

Du hast das Gebäude gebaut. Die Grundstruktur steht. Es ist Zeit, es einzurichten. Mit Inhalten.

Es gibt eine ewig junge Formel, wie du überzeugende Inhalte schaffen kannst. Und vergiss nicht: Du willst dein Publikum überzeugen und zu Handlung bewegen. Du willst den TED-Effekt!

Wir haben Aristoteles bereits erwähnt. Aristoteles war ein Meister der Rhetorik. Er hat diese Formel vor mehr als 2.300 Jahren entwickelt.

In seinem Werk *Rhetorik* erklärt Aristoteles die drei Arten des Überzeugens: *Logos, Ethos* und *Pathos.* Er nannte sie auch die »drei überzeugenden Appelle«. In einfachen Worten bieten diese drei griechischen Begriffe deinem Publikum Antworten auf drei fundamentale Fragen:

1. Macht dein Vortrag Sinn für dein Publikum? *Logos* ist die Logik.

2. Glaubt dir dein Publikum? *Ethos* ist deine Glaubwürdigkeit als Redner.

3. Fühlt sich dein Publikum mit dir verbunden? *Pathos* ist die Emotion.

Wir haben gelernt, dass die meisten Leute, besonders im Business, auf der Logos-Seite gut vorbereitet sind. Sie kennen ihre Produkte und Services gut. Sie kennen die Prozesse, die Statistiken, die Vorteile. Aber Logos alleine reicht nicht. Wenn du den TED-Effekt haben willst, brauchst du Logos, Ethos und Pathos.

Die folgende Tabelle zeigt auf einen Blick überzeugende Inhaltselemente für mehr Logos, mehr Ethos und mehr Pathos in deinen Vorträgen.

LOGOS	ETHOS	PATHOS
Fakten	Reputation	Vision und Träume
Daten	Expertise	Metaphern
Charts und Diagramme	Gemeinsamkeiten	Humor
Zahlen	Zitate	Geschichten
Umfragen	Publikumsinteraktion	Verletzlichkeit
Statistiken		
Testergebnisse		
Forschung		
Rhetorische Fragen		
Beispiele		
Demonstration		

JOHN

Samuel Lagier ist ein Freund von mir. Er hat einen Doktor in Neurobiologie und hilft anderen als Redecoach, komplexe Ideen mit Präsentationen verständlich zu vermitteln. Sam engagiert sich seit 2012 aktiv für TEDxLausanne. Von 2013 bis 2016

fungierte er als Moderator der Events. 2014 und 2015 war er Kokurator und seit 2012 hat er viele TEDxLausanne-Redner gecoacht.

Für Sam sind drei Punkte ganz besonders entscheidend für einen guten TED-Talk:

1. Vereinfache deine Botschaft. Das Publikum kann sich nicht viele Dinge merken und TEDx-Redner haben nicht viel Zeit (typischerweise zwischen 12 und 18 Minuten). Versuche nicht, viele Inhalte zu vermitteln. Wähle eine Idee und geh bis ins Mark.

2. Strukturiere deinen Talk, sodass deine Punkte nahtlos ineinander übergehen. Der Narrativ sollte reibungslos durch die Präsentation fließen, und das Publikum sollte die Verbindung zwischen den verschiedenen Teilen des Talks problemlos verstehen können.

3. Beginne mit einer starken Einleitung, um das Publikum in den Talk zu ziehen. Hab auch einen starken Schluss. Einleitung und Schluss sind extrem wichtig.

Die oben vorgestellten fünf Schritte werden dir helfen, deine Ideen auf den Punkt zu bringen und deinen Vortrag zu strukturieren. Das Ergebnis ist eine für dein Publikum klare, einprägsame und relevante Botschaft.

Wir haben jetzt, und erst jetzt, den Punkt des Vorbereitungsprozesses erreicht, an dem du anfangen kannst, an *Visuals,* visuelle Hilfsmittel, zu denken.

Teil II: Visuelle Hilfsmittel

Visuals wie PowerPoint-Folien oder Gegenstände können deinen Vortrag unterstützen und verbessern. Aus unserer Sicht braucht eine Rede nicht unbedingt Folien oder Gegenstände, aber wenn du sie verwendest, dann nur mit Topqualität!

Sehen wir uns also an, wie du großartige *Visuals* für deine visuellen Präsentationen kreieren kannst.

Sei wie Hans

Ingenieure, Softwareentwickler, Wissenschaftler, Businessleute. Eine ihrer größten Ängste ist es, dass ihr eher rational orientiertes Publikum ihre Präsentationen als reine Show wahrnimmt. Ihrer Meinung nach wird genau das passieren, wenn sie etwas anderes machen, als die Folien herunterzubeten wie der langweiligste Professor, den sie je hatten.

Und weil sie Angst haben vor einer Publikumsreaktion, die sie noch nie erlebt haben, bleiben sie in ihrer Blase der Sicherheit stecken.

Warum? Warum denken Leute immer in Schwarz und Weiß?

Eine Hypothese: Logos-basierte Menschen lieben Logos-basierte Inhalte. Nehmen wir an, diese Hypothese ist wahr. Ist es nicht auch wahr, dass sogar die wissenschaftlichsten Wissenschaftler, die rechtsbesessensten Anwälte, die buchhalterischsten Buchhalter ins Kino rennen, um den jüngsten Hollywood-Blockbuster zu sehen? Sogar die wollen unterhalten werden.

JOHN
Es stimmt. Ich bin Rechtsanwalt!

Unterhaltung ist nicht gleich Show. Unterhaltung ist die Zufriedenheit, die entsteht, wenn wir jemanden gut performen sehen. Es kann Singen sein, Schauspielern, die Ausübung eines Sports. Oder auch der TED-Effekt eines begeisternden Redners.

Warum kann eine technische Präsentation nicht gleichzeitig ein informatives und unterhaltsames Erlebnis sein? Warum werden Leute freiwillig zu Robotern, wenn sie auf der Bühne stehen? Unser Plädoyer an die Welt der technischen Präsentationen: Hört auf, uns zu Tode zu langweilen!

Eine wunderbare Quelle der Inspiration – und Antipode der Langeweile – war Hans Rosling. Rosling war ein schwedischer Arzt, Statistiker und Professor für Internationale Gesundheit am Karolinska-Institut in Solna, Schweden. Er war weitbekannt als der »Rockstar« der Statistiken und Daten.

Nachdem wir dieses Buch geschrieben und das Skript an unseren Verlag gegeben hatten, erhielten wir die traurige Nachricht, dass Hans Rosling am 7. Februar 2017 nach seinem einjährigen Kampf gegen eine schwere Krankheit verstorben ist. Er wurde 68 Jahre alt. Die Welt hat einen einzigartigen Menschen verloren, einen Meister des visuellen Präsentierens.

Rosling hatte eine Leidenschaft und ein Talent dafür, komplexe Daten für seine Zuhörer aufregend und verständlich zu machen. Er sagte: »Diese Daten zu haben, ist nicht genug. Ich muss sie auf eine Art zeigen, die Leute sowohl mögen als auch verstehen.« TED hält sich mit ihrem Lob für Rosling weniger zurück: »In Hans Roslings Händen singen Daten. Globale Trends in Gesundheit und Wirtschaft erwachen zu leuchtendem Leben.«

Es überrascht nicht, dass Roslings visuelle Präsentationen zu den populärsten TED-Talks zählen. Sein erster im Jahr 2006, *The best stats you've ever seen* (bit.ly/1xnBQlm), gilt heute unter vielen wissenschaftlichen Rednern als Klassiker. Das Magazin *Foreign Policy* zählte Rosling zu den »Top 100 führenden globalen Denkern« und das *Time Magazine* listete ihn unter den »100 einflussreichsten Menschen«.

Hans Rosling war nicht der Einzige, der den TED-Effekt mit großartigen *Visuals* hatte. Du kannst das auch. Und wenn wir von visuellen Hilfsmitteln reden, lass uns mit dem Problem beginnen, das fast jeder kennt, aber kaum jemand anspricht: PowerPoint.

Die Schönheit schöner Slides

PowerPoint-Folien, *Slides*, haben nicht den besten Ruf. Und das nicht ohne Grund. Wir wetten, dass du schon öfter dem »Tod durch PowerPoint« zum Opfer gefallen bist. Das ist dieses Gefühl – teils Erstarrung, teils Verzweiflung – auf dem Leidensweg durch diese endlose Parade von mit Bullet Points und unverständlichen Grafiken und nutzlosen Agenden vollgepfropften Slides! Deine Augen werden glasig, du kannst dich immer weniger konzentrieren, du greifst nach deinem Smartphone, als wäre es ein Rettungsring.

Wir fühlen deinen Schmerz, wir waren auch da! Aber es muss nicht so sein. Wir sind beide große Fans von Slides. Präsentationssoftware wie PowerPoint kann extrem effektiv sein im Vermitteln deiner Botschaft. Hier ein einfaches Beispiel.

Nehmen wir an, du hältst einen Vortrag über die Geschichte des wahrscheinlich berühmtesten Gemäldes der Welt: die *Mona Lisa* von Leonardo da Vinci. Du könntest versuchen, das Kunstwerk in allen seinen Details mit Bullet Points zu beschreiben. Aber würde es nicht viel mehr Sinn machen, einfach nur das Bild an die Wand zu schmeißen?

Wir hören dich jetzt sagen: »Schön und gut, das ist eine super Lösung für einen Kunstexperten, aber ich muss keinen Vortrag über ein Gemälde halten, sondern den Finanzbericht vom dritten Quartal präsentieren. Dafür kann ich kein Bild von Leonardo da Vinci verwenden!«

Ein guter Punkt. Wir sind uns im Klaren darüber, dass sich in die allermeisten Präsentationen nicht das schlicht-schöne Lächeln der *Mona Lisa* einbauen lässt. Aber es gibt vieles, das wir tun können, um auch noch die technischste aller Präsentationen zu verbessern.

Wir verstehen, wenn du vielleicht kein professioneller Designer bist. Auch wir sind keine Experten auf diesem Gebiet. Du musst aber kein Designexperte sein, um hochwertige Slides zu produzieren.

Wenn du auch nur einige der folgenden Tipps anwendest, werden deine Folien viel besser sein als die Mehrheit von Slides in der Welt, die Zuhörerschaften reihenweise in den Tiefschlaf versetzen.

Wenn du bis hierher vorgedrungen bist, weißt du, dass es viel zu tun gibt, bevor du deine Slides baust. Du musst über dein Ziel nachdenken, deine Botschaft, die Relevanz für dein Publikum. Du musst deinen Ideen Struktur geben und wissen, was du wann sagen willst. Erst dann kannst du dich PowerPoint widmen. Slides dürfen eine Rede nie ersetzen.

Die erste Frage

Bevor du anfängst, darüber nachzudenken, was du auf deinen Slides zeigen willst, solltest du dir immer eine fundamentale Frage stellen: Brauche ich überhaupt Folien? Vielleicht brauche ich sie gar nicht.

Vielleicht wäre ein Flipchart oder ein Whiteboard effektiver. Oder was ist mit – und wenn du nicht schon sitzt, wäre es besser, wenn du dich jetzt hinsetzt – einfach reden! Ja, man kann es machen. Tausende von Jahren machte man das so.

Lange vor den Slides standen Redner auf und sprachen zu Menschenmengen. Im alten Griechenland war das so, im alten Rom war das so, und seitdem ist das so überall auf der Welt. Zum Beispiel siehst du im erfolgreichsten TED-Talk von allen keine Slides und keine anderen visuellen Hilfsmittel.

Im Februar 2006 hielt Sir Ken Robinson seinen TED-Talk *Do schools kill creativity?* (bit.ly/1glrr1H). Robinson ist ein Experte für Bildung und Kreativität. Er hat einen rasierklingenscharfen Verstand und ist sehr schlagfertig.

19 Minuten lang spricht Robinson einfach nur zum Publikum. Keine Slides. Und er entzückt es vom Anfang bis zum Ende. Er spricht mit Leidenschaft über sein Thema. Sein Humor ist englisch, subtil und mit einem prima Timing. Er bedient sich Zitaten und erzählt Geschichten, die seine Botschaft unterstützen. Er ist authentisch und hundertprozentig präsent. Sein Vortrag fühlt sich mehr an wie ein Gespräch mit Freunden als eine Rede vor Publikum.

Also ja, du kannst eine Rede ohne Slides halten. Aber wenn du dich für PowerPoint entscheidest, willst du dein Publikum damit zu Handlung bewegen, nicht zu ihren Smartphones treiben. Nachfolgend erhältst du eine Reihe von Tipps für mehr visuelle Wirkung in deinen Präsentationen.

Die richtige Anzahl

Eine Minute pro Slide? Wir können es nicht mehr hören. Wir wissen auch, wer diesen Mythos in die Welt gesetzt hat: Geschäftsleute, die ihre Folien so mit Text vollladen, dass es eine Minute braucht, um alles vorzulesen. Kompletter Nonsens!

Einige Leute fragen uns: »Wie viele Slides sollte ich in einer 30-minütigen Präsentation verwenden?« Unsere Antwort: »Wir wissen es nicht.« Die Anzahl deiner Slides hängt von einer Reihe von Variablen ab wie dem Publikum, dem Thema, dem Kontext. Schlussendlich ist die Anzahl der Folien in deiner Präsentation nicht so wichtig wie die Art, in der sie designt und eingesetzt werden. Wir sehen lieber einen 15-minütigen Vortrag mit 30 guten Slides als mit 15 schlechten.

Slides sind praktisch gratis. Eine 30-Folien-Präsentation kostet genauso viel wie eine mit 15. Also nutze sie! Anstatt zu versuchen, so viele Informationen wie möglich auf einer Folie unterzubringen, verteile die Inhalte. Gib jedem Hauptgedanken sein eigenes Slide. Dein Publikum wird dir endlich zuhören.

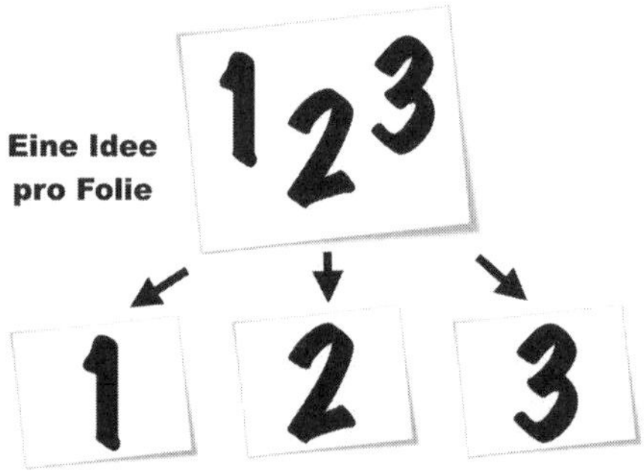

Natürlich kannst du ein entscheidendes Element nicht ignorieren: die Zeit! Wenn du zehn Minuten hast und versuchst, dich durch 200 Slides zu klicken, wirst du deinem Publikum – und vielleicht auch dir selbst – nichts anderes als Kopfschmerzen bereiten. Du solltest so viele gut designte Slides verwenden wie nötig – nicht wie möglich –, um deine Botschaft zu unterstützen und zu verbessern. Nicht mehr, nicht weniger.

Weniger ist mehr

Wir haben es gerade erwähnt, aber es ist wert, wiederholt zu werden, damit es sich setzt. Zu viele Leute begehen den Fehler und packen zu viele Informationen in ihre Slides. Das Resultat ist ein totales Chaos, das die Zuhörer zu ihren Smartphones greifen lässt. Und das ist eines der großen Paradoxa in der Welt der Rhetorik: Leute wollen saubere, übersichtliche Slides, wenn sie im Publikum sitzen. Aber wenn sie selber auf der Bühne stehen, ziehen sie sich zurück in ihre sicher geglaubte Bullet-Point-Zone.

Aber nehmen wir mal an, die Zuhörer bleiben am Ball. Wenn dein Slide nicht nur voller Text, sondern – als wäre das nicht schon zu viel – außerdem ein kleines Bild, ein Kuchendiagramm und dein Firmenlogo enthält, wirst du automatisch Teile deines Publikums verlieren. Einige lesen den Text, einige schauen sich das Bild an, einige werden versuchen, das Kuchendiagramm zu analysieren. (Nur für dein Firmenlogo interessiert sich keiner.)

Kurz gesagt, während du über eine Sache sprichst, beachten viele im Publikum etwas anderes. Die anderen schauen die Folie gar nicht an und hören nur dir zu, was wiederum das Slide sinnlos macht.

»Aber«, hören wir dich jetzt sagen, »ich baue all die Informationen in meine Slides, weil ich sie als Handout verteilen muss. Deswegen ist alles, was das Publikum wissen muss, in den Folien.«

Wirklich? Ist alles, was das Publikum wissen muss, in den Slides? Super, aber warum brauchen wir dann dich? Denk nach. Wenn du alles, was wir brauchen, in die Slides packst, gib uns einfach den Ausdruck. Wir werden ihn lesen.

Wenn du ein Handout produzieren willst, genial! Pack so viele Details rein, wie du willst, aber halte deine Screen-Slides sauber. Es besteht eine alternative Möglichkeit. Du kannst die Details in den Notizbereich schieben. Das Publikum sieht die Notizen nicht, aber du kannst die Slides für die Handouts zusammen mit den Notizen ausdrucken.

Größe zählt

Wenn du Text auf einem Slide verwendest, müssen die Leute im Publikum in der Lage sein, den Text zu lesen. Hast du schon mal bei einem Vortrag in den hinteren Reihen gesessen und der Text war so klein, dass du ihn nicht lesen konntest? Ist es nicht frustrierend? Spar deinen Zuhörern den Gang zum Augenarzt!

Marketingspezialist und Autor Guy Kawasaki empfiehlt ein 30-Punkt-Minimum für Text auf Slides. Dies könnte jetzt ein Schock für einige Leser sein, die es gewohnt sind, mit 16- oder 14- oder gar 12-Punkt-Schriftgrößen zu arbeiten. Aber Fakt ist:

Groß oder nichts!

Ein weiterer Vorteil von großer Schrift ist, dass sie dich davon abhält, zu viel Text auf eine Folie zu packen. Aber Vorsicht! PowerPoint hat eine Funktion, die du eventuell schon kennst.

Wenn du anfängst, in den Hauptteil des Slides Text zu tippen, wird PowerPoint den Text in Bullet Points umwandeln. Und während du fröhlich deine Bullet Points fabrizierst und das Ende erreichst, reduziert PowerPoint automatisch deine Schriftgröße. Voilà, mehr Platz! Und was machst du? Du fügst mehr Text hinzu.

Dieser Prozess kann sich mehrfach auf derselben Folie wiederholen. Und wenn du das auf 25 Slides machst? Du kennst das Ergebnis. Also bitte, bleib der großen Schrift treu. Dies ist wirklich eine dieser Situationen, in denen Größe zählt.

Mit Serifen oder ohne?

Ein weiterer Aspekt bei der Schrift auf Folien ist der Unterschied zwischen Serifen-Schrift und serifenloser Schrift. Was genau ist der Unterschied?

Serifen-Schriften wie Times New Roman und Georgia haben kleine Linien an den Enden der Buchstaben. Serifenlose Schriftarten wie Arial und Verdana haben solche Linien nicht. Vergleiche die folgenden Schriftarten:

Das ist Times New Roman.

Das ist Georgia.

—

Das ist Arial.

Das ist Verdana.

Während in der Designwelt fortwährend eine gesunde Debatte über dieses Thema herrscht, sind mehrere Studien zu dem Schluss gekommen, dass Serifen besser für gedruckte Produkte wie Bücher, Zeitungen und Magazine sind. Anscheinend sind sie marginal besser zu lesen als serifenlose Schriftarten und vermitteln dem Leser somit ein besseres Leseerlebnis. (Übrigens, die Schriftart dieses Buchs ist Arno Pro, eine Serifenschrift.)

Serifenlose Schrift wiederum ist gemäß einiger Studien besser für den Bildschirm geeignet. Da die Slides bei einer Folienpräsentation vom Computerbildschirm auf einen Flat Screen oder eine Leinwand übertragen werden, diktiert uns die Logik, dass das gleiche Prinzip auf PowerPoint-Präsentationen zutreffen sollte.

In den frühen Tagen der Slide-Präsentationen war dies sicherlich der Fall. Viele Computer und Beamer in jenen Tagen boten eine relativ geringe Qualität bei der Auflösung; die Pixeldichte war viel geringer als heute. Darunter litten besonders die Serifen. Sie waren pixeliger als Pac-Man und nicht gut zu lesen. Computerfirmen strengten sich an, neue serifenlose Schriftarten zu produzieren, die leichter zu lesen waren. Ein Beispiel ist die Veröffentlichung der Schriftart Verdana im Jahr 1996 durch Microsoft.

Heute ist die Computerdesigntechnologie deutlich fortgeschritten und wird nur besser werden. Die Bildschirme von Computern, Fernsehern und Smartphones haben alle eine deutlich höhere Auflösung als noch vor einigen Jahren. Mit ständig höherer Auflösung wird die Notwendigkeit, zwischen Serifen und serifenlosen Schriftarten zu unterscheiden, immer irrelevanter. Aber das soll nicht heißen, dass du dich auf neueste Technologien verlassen kannst.

Wir arbeiten mit Unternehmen und Organisationen weltweit, und ungeachtet der unglaublichen technologischen Fortschritte verwenden viele von ihnen noch immer Beamer, die nach heutigem Stand veraltet sind. Egal, wie gut deine Slides auf dem Rechner ausschauen, sie werden deutlich an Qualität verlieren, sobald du deinen Computer mit dem Beamer verbindest.

Wenn du weißt, dass du einen alten Beamer verwenden wirst, oder wenn du unsicher bist in Bezug auf die technische Ausstattung in dem Raum, in dem du präsentieren wirst, nutze lieber serifenlose Schriftarten wie Verdana, Tahoma oder Helvetica. Es gibt Tausende Schriftarten, aus denen du wählen kannst. Dein Computer verfügt bereits über eine Vielzahl von ausgezeichneten Schriftarten. Wenn du allerdings Inspiration suchst: Eine hervorragende Seite ist Font Squirrel (fontsquirrel.com). Du kannst dort Hunderte von wunderschönen Schriftarten downloaden, die alle hundertprozentig frei zur kommerziellen Nutzung sind.

Sie schießen zurück!

Einer der sichersten Wege, dein Publikum einzuschläfern, sind Präsentationen mit Horden von Bullet Points. Auf urkomische Art macht sich der amerikanische Komiker Don McMillan auf YouTube (bit.ly/1wYif7R) darüber lustig, wie PowerPoint für gewöhnlich verwendet wird. In seinem Aufritt erklärt er, dass der Name »Bullet Point« von Leuten kommt, die auf lästige Vortragende schießen!

Wir sagen nicht, dass du nie Bullet Points verwenden solltest. Sie haben ihren Sinn. Doch wie die meisten Dinge musst du sie richtig einsetzen.

Erstens: Verwende Bullet Points nicht auf jedem Slide. Die meisten Präsentationen haben nicht nur zu viele davon, sie haben sie auf jeder Folie. Der schnellste Weg, den TED-Effekt zu killen! Wann war Monotonie jemals gut? Verwende Bullet Points sporadisch und verteile sie über die ganze Präsentation.

Zweitens: Bullet Points sollten keine langen, komplexen Sätze sein. Es sollten überhaupt keine Sätze sein. Liegt nicht der Sinn von Aufzählungspunkten darin, ein Konzept zusammenzufassen? Wenn dem so ist, warum ganze Sätze? Mit ein bisschen mentaler Anstrengung kannst du diese Sätze auf wenige Wörter oder sogar ein Wort herunterbrechen. Zeige dem Publikum nur die Essenz, und dann rede darüber.

Drittens: Du kannst deine Punkte per Animation nach und nach vorstellen. Wir meinen nicht die Animationen mit Zoom oder Kreisel oder Explosion. PowerPoint bietet eine Reihe von

Animationseffekten. Dinge fliegen die ganze Zeit quer über die Leinwand. Widerstehe der Versuchung. Die meisten dieser Animationen werden deine Präsentation amateurhaft aussehen lassen.

Eine subtile Animation, die gut mit Bullet Points funktioniert, ist »Fade«. Es ist eine schlichte Animation, die du verwenden kannst, um deine Bullet Points nacheinander einzublenden. Warum ist das wichtig?

Nehmen wir an, du hast eine Folie mit einem Titel und vier Bullet Points. Du klickst mit deiner Fernbedienung, die Folie erscheint mit dem kompletten Inhalt. Du fängst an, über den ersten Punkt zu sprechen. Einige Zuhörer folgen dir vielleicht. Aber die menschliche Natur ist, was sie ist, und viele Leute im Publikum beginnen sofort damit, alle Inhalte auf deinen Slides zu lesen. Während du noch beim ersten Punkt bist, lesen manche schon den zweiten, andere den dritten und schnelle Leser sind schon fertig. Und wenn du über etwas redest, während das Publikum etwas anderes liest, seid ihr nicht synchron.

Die »Fade«-Animation kann helfen, dieses Problem zu lösen. Jeder Punkt erscheint erst dann, wenn du es willst und mit deiner Fernbedienung klick machst.

Nach der Einführung in das Slide-Thema klickst du und der erste Bullet Point erscheint; die anderen drei bleiben verborgen. Wenn du mit dem ersten Punkt fertig bist, klickst du weiter und der zweite Bullet Point erscheint. Du wiederholst den Prozess, bis alle vier Bullet Points zu sehen sind. Auf diese Art hältst du dein Publikum immer bei dir. Sie sehen deine Punkte nur dann, wenn *du* es willst.

Aber Vorsicht! Wenn du Animationen verwendest, musst du deine Inhalte kennen. Du musst wissen, was als Nächstes kommt.

FLORIAN

Wie oft musste ich mit ansehen, was passiert, wenn Redner Animationen verwenden, um ihre Bullet Points »einfliegen« zu lassen, und dabei ihre Inhalte nicht gut genug kennen! Sie leiten zum nächsten Punkt über, und wenn sie weiterklicken, erscheint ein anderer Bullet Point, weil sie die Reihenfolge durcheinandergebracht haben. Oder sie denken, sie wären fertig mit ihrer Liste, klicken zur nächsten Folie weiter und Zack! Ein letzter Bullet Point erscheint. Das sind die animierten Risiken, wenn du deine Folien nicht kennst.

Ein Schnellcheck

Fragst du dich jemals, ob die Leute in deinem Publikum deine Slides lesen können? Das solltest du.

Der beste Weg, die visuelle Qualität deiner Folien zu überprüfen, ist, sie vor Ort zu testen. Geh in den hintersten Teil des Raums und entscheide für dich selbst, ob du alles klar und deutlich erkennen kannst oder ob du schielen musst, um die Texte lesen zu können.

Manchmal allerdings wirst du vor deinem Auftritt keinen Zutritt zum Raum haben. Zum Beispiel wenn du zum Veranstaltungsort anreisen musst. Dann kann es passieren, dass du deine Präsentation nicht vorab im Vortragsraum testen kannst. Für diese Fälle empfiehlt sich ein Schnellcheck der Lesbarkeit der Slides. Öffne deine Präsentation im Laptop im Präsentationsmodus. Gehe ungefähr drei Meter weg vom Bildschirm. Kannst du den Text mühelos lesen? Falls nicht, werden ihn die Zuhörer in den hinteren Reihen auch nicht lesen können.

Dieser Test ist nicht idiotensicher. Er dient vielmehr als eine nützliche Daumenregel, um zu sehen, ob dein Slide-Design auf dem richtigen Weg ist.

JOHN

Im Jahr 2013 nahm ich an einer Veranstaltung mit Hans Rosling teil. Er hielt eine Präsentation für Mitarbeiter der WHO und der UNAIDS in Genf. Ich wusste, das Auditorium würde überquellen, deshalb war ich schon 45 Minuten früher da. Als ich ankam, war der Saal fast leer, aber Rosling war schon da. Sein Mikrofon war bereits am richtigen Platz und er testete seine Slides. Ein echter Profi!

Ich schnappte mir einen Sitz in der ersten Reihe und blätterte durch ein Arbeitsdokument, während Rosling sich vorbereitete. Als er eine Pause machte, stellte ich mich vor. Rosling war zuvorkommend und entspannt. Nach nur wenigen Sekunden fand ich mich wieder in einer tiefgründigen Konversation über die Notwendigkeit, bessere weltweite Daten über die Einkommen von Mitarbeitern im Gesundheitswesen zu generieren.

Bevor er für die letzten Vorbereitungen zurück zu seinen Slides ging, fragte ich ihn: »Was würden Sie Leuten raten, die Daten präsentieren müssen?« Ohne zu zögern, antwortete er: »Wenn du deine Slides einmal erstellt hast, wirf sie an die Wand, geh zum hinteren Ende des Raums und stell sicher, dass du sie lesen kannst. Wenn du das nicht vorher machen

kannst, zeige deine Slides auf deinem Computerbildschirm an, gehe fünf bis sechs Schritte zurück und checke ihre Lesbarkeit so.« Dann fügte er noch hinzu: »Wenn du sie einmal aus der Distanz lesen kannst, schneide raus, was immer du kannst!«

Bilder, Bilder, Bilder

Es ist wirklich so: Ein Bild ist mindestens so viel wert wie 1.000 Worte. Bilder können dir helfen, deine Ideen auf eine Art zu vermitteln, wie es Text einfach nicht kann. Das Beispiel der *Mona Lisa* haben wir uns ja schon angesehen. *Quod erat demonstrandum.* Im Verlauf dieses Buchs findest du Bilder, die unsere Ideen visuell unterstützen. Diese Art von Bildern verwenden wir für unsere eigenen PowerPoint-Präsentationen. Betrachte sie als Anwendungsbeispiele und Inspiration für deine eigenen Vorträge.

Ein richtig platziertes, hochqualitatives Bild wirkt länger auf dein Publikum. Jedes Mal, wenn ein Redner ein aussagekräftiges Bild zeigt und darüber spricht, können die Zuhörer gleichzeitig beide Informationsströme verarbeiten – den visuellen und den auditiven.

Denk an das letzte Mal, als du eine Dokumentation im Fernsehen gesehen hast. Da ist kein Text auf dem Bildschirm. Nur Bilder und Videos, die von der Stimme des Sprechers begleitet werden. Du hast keinerlei Schwierigkeit, die Inhalte zu verstehen. Das Gleiche gilt für Slides.

FLORIAN

Im Jahr 2013 gab ich ein Training bei einem Berliner Internetunternehmen. Vorab erhielt ich von den Teilnehmern PowerPoint-Präsentationen. Zu Hause

erarbeite ich immer alternative Slides, um den Leuten zu zeigen, wie sie mehr Power in ihrem Point haben können.

Ein Teilnehmer schickte mir eine Folie mit seinen Aufgaben als Systemadministrator. Selbstredend mit klassischen Bullet Points:

- Pflege und Instandhaltung der Systeme
- Kontinuierliche Erweiterung der Systemwelt
- Transparenz über Prozesse schaffen

Ich entschied mich für ein Experiment. Jeden dieser Punkte ersetzte ich durch ein Slide mit jeweils einem metaphorischen Bild. Ich verwendete die folgenden Bilder:

- Ein Rasenmäher, der sich durch hohes Gras fräst (Instandhaltung)
- Eine LEGO-Sammlung (Erweiterung)
- Die Glaskuppel auf dem Dach des Deutschen Bundestags (Transparenz)

Ich habe die Aufgaben dieses Systemadministrators nie vergessen. Das ist die Macht von Bildern.

Wenn wir von Bildern reden, meinen wir nicht Clipart oder Klischeebilder. Die meisten Cliparts und sind naiv-kindlich und nicht geeignet für seriöse Präsentationen mit TED-Effekt. Wir empfinden die gleiche Abneigung gegenüber den folgenden beiden Klassen von Klischeebildern.

Das kannst du besser.

Viele Unternehmen und Organisationen haben ihre eigenen Fotodatenbanken. Wenn du dort arbeitest, erkundige dich nach solch einer Datenbank.

Die Chance besteht, dass du dort für deine nächste visuelle Präsentation fantastische Bilder findest.

JOHN

Die Weltgesundheitsorganisation (WHO), wo ich fünf Jahre lang gearbeitet habe, hat eine hervorragende Bilderdatenbank mit Tausenden von Bildern, welche die Arbeit der Organisation rund um die Welt dokumentiert. Es ist eine großartige Quelle.

Wenn du keine Datenbank im Unternehmen zur Verfügung hast oder der Versuch, intern Bilder zu bekommen, dank des administrativen Zeitaufwands nichts als Kopfschmerzen bereitet, warum verwendest du nicht deine eigenen Bilder?

Eine weitere Option ist die Verwendung von hochauflösenden Bildern aus dem Internet. Es gibt einige Plattformen wie shutterstock.com, wo du gegen Entgelt Bilder herunterladen kannst. Aber mehr und mehr setzen sich auch Webseiten durch, die spektakuläre Bilder völlig legal und umsonst anbieten.

Eine geniale Seite ist zum Beispiel unsplash.com. Als dieses Buch in den Druck ging, verkündete Unsplash (Seite auf Englisch) ganz oben auf der Startseite:

Free (do whatever you want) high-resolution photos.

Die Unsplash-Lizenz unterstreicht die freie Nutzung des Bildmaterials:

All photos published on Unsplash are licensed under Creative Commons Zero which means you can copy, modify, distribute and use the photos for free, including commercial purposes, without asking permission from or providing attribution to the photographer or Unsplash.

Eine weitere ausgezeichnete Seite ist Pixabay (pixabay.com/de). Pixabay wurde 2010 in Ulm gegründet.

Es folgen vier Beispiele für die Qualität des Bildmaterials, das du auf Unsplash findest. Es ist nicht verbildlich, aber Unsplash empfiehlt, die Urheber der Fotos zu nennen. Diese Fotografen bieten ihr Material der Allgemeinheit netterweise umsonst an. Wir nennen die Urheber daher gerne und möchten dich ermutigen, ihre Arbeit auf Unsplash zu entdecken.

Das folgende Bild zeigt Jakarta und könnte Teil einer Präsentation über Marktchancen in Indonesien sein.

Quelle: Bagus Ghufron, unsplash.com

Oder vielleicht willst du die Bedeutung des Handwerks diskutieren und warum diese Künstler stolz auf ihre Arbeit sein sollten?

Quelle: Quino Al, unsplash.com

Wie wäre es mit einer Motivationsrede, welche die Zuhörer ermutigt, kritischer zu denken und nicht immer mit der Herde zu rennen?

Quelle: Davide Ragusa, unsplash.com

Das nächste Foto würde perfekt in eine Präsentation passen, die mit Bildern von Autos arbeitet. Aber warum nicht auch als Metapher für das agile Arbeiten im 21. Jahrhundert?

Quelle: Swaraj Tiwari, unsplash.com

Diese Bilder sollen dir ein Gespür vermitteln, welche Klasse von Material verfügbar ist. Nicht jedes Foto passt in jede Präsentation. Doch eine Präsentation, deren Botschaft nicht durch Bilder unterstützt werden kann, ist nur schwer vorstellbar.

Und es beansprucht nicht viel Zeit. Unsplash und andere Bildersuchmaschinen haben alle eine Suchfunktion, die Bildersuche mittels Schlagworten ermöglicht. Ein Tipp: Einzahl und Mehrzahl von Wörtern liefern häufig verschiedene Ergebnisse. Es ist daher ratsam, nach beiden Formen zu suchen, zum Beispiel »Hund« und »Hunde«.

FLORIAN

Manchmal präsentiert ein Trainingsteilnehmer ausschließlich Slides voller Text und es ist offensichtlich, dass der Vortrag besser gewesen wäre, hätte er überhaupt kein PowerPoint verwendet. In solchen Momenten sage ich gerne zur Gruppe: »Seht ihr, ihr müsst nicht immer Slides nehmen. Aristoteles hatte kein PowerPoint!« Einmal erwiderte ein Teilnehmer: »Ja, Florian, aber der hatte einen Stock und hat

Bilder im Sand gemalt!« Als das allgemeine Gelächter abgeflaut war, antwortete ich: »Genau, Bilder!«

Bilder sind großartig. Aber solltest du deine Präsentationen nur mit Bildern füllen? Nein. Bilder sind emotional. Wenn du nur Bilder einsetzt, ist das Risiko groß, dass du die Zahlen-Daten-Fakten-Liebhaber im Publikum verlierst. Du musst alle Zuhörer ansprechen. Deshalb: Variiere deine Slides!

Es ist wie Radfahren

Um zu verdeutlichen, wie Bullet Points und Bilder miteinander harmonieren können, laden wir dich auf eine Fahrradtour ein.

Stell dir vor, du hältst eine Präsentation über das Fahrradfahren und die Vorteile, die es mit sich bringt. Du könnest die Vorteile auf einem Slide zusammenfassen:

Warum sollten wir öfter Fahrrad fahren?

- Radfahren ist gesund und bringt dich in Form.
- Radfahren macht Spaß und baut Stress ab.
- Radfahren spart Geld.
- Radfahren schützt die Umwelt.

Die Folie ist direkt und unkompliziert. Auch wenn die Bullet Points ganze Sätze sind, sie sind nicht lang und einfach zu verstehen. Und trotzdem, mit ein klein bisschen Anstrengung und

Kreativität kannst du das besser machen. Stell dir folgendes Slide vor:

Quelle: Ezra Jeffrey, unsplash.com

Oder wie wäre es mit einer »radikaleren« Idee? Nur das Bild und kein Titel! Es gibt keine Regel, nach der auf jeder Folie ein Titel stehen muss. Und wir sind es leid, immer die gleichen langweiligen Titel auf den immer gleichen langweiligen Folien in den immer gleichen langweiligen Businesspräsentationen zu sehen. Der TED-Effekt und Langeweile passen nicht zusammen!

Die Folie oben ist gut, aber die hier ist noch besser:

Du hast jetzt ein starkes Bild, und du kannst über die Vorteile des Radfahrens sprechen. Nach einer kurzen Einführung ins Thema diskutierst du jeden der vier Vorteile. Einen nach dem anderen lässt du mit der Fernbedienung erscheinen. Du brauchst keine ganzen Sätze auf dem Slide. Ein Wort pro Vorteil reicht völlig. Und du wirst immer zeitgleich zu den einzelnen Punkten reden.

Welcher Ansatz ist effektiver? Welcher ist visuell ansprechender? Welcher hält das Publikum immer bei der »Fahrradstange«?

Hier ist eine Übung für dich. Schau dir einige deiner letzten PowerPoint-Präsentationen an und wähle eine Folie aus, die voller Bullet Points ist. Wir wissen, dass du mindestens eine finden wirst. Jetzt wollen wir, dass du dieses Slide neu designst. Kopiere es und füge es hinter dem bestehenden Slide ein. Finde ein gutes Bild als Hintergrund, das die Kernaussage der Seite – am besten metaphorisch – unterstützt. Fasse jeden Bullet Point in einem einzigen Wort zusammen und füge die Worte dem Bild hinzu. Jetzt vergleiche die beiden Folien. Wenn du in deiner eigenen Präsentation sitzen würdest, welches Slide würdest du bevorzugen?

Black is beautiful

Den Screen auf Schwarz zu schalten, ist eine der einfachsten und effektivsten Techniken, die du in PowerPoint-Präsentationen anwenden kannst.

Wenn du deinen Bildschirm schwarz machst, gewährst du deinem Publikum eine Pause von den Slides, und sie fokussieren sich wieder hundertprozentig auf dich, den Redner – so, wie es sein soll.

Das ist besonders in Momenten nützlich, wenn du über etwas sprichst, was nichts mit den Folien zu tun hat.

Ebenso bietet sich ein schwarzer Screen an, wenn du eine längere Überleitung zwischen zwei Folien machst, zum Beispiel zwischen der letzten Folie der A-Säule deines Vortrags und der ersten der B-Säule. Ein schwarzer Screen verstärkt die Wirkung des Übergangs, weil sich dein Publikum mehr auf deine Kommentare konzentrieren kann.

Ein schwarzer Bildschirm bietet sich auch für eine Fragerunde an. Wenn jemand eine Frage stellt, die du mit einem Slide als Unterstützung besser beantworten kannst, dann nutze diese Folie. Aber für eine generelle Q&A-Session ist Schwarz eine gute Option.

Zu guter Letzt empfehlen wir, immer zwei schwarze Slides hinter der letzten Folie der eigentlichen Präsentation zu platzieren. Dafür gibt es einen guten Grund. Es kommt regelmäßig vor, dass der Redner am Ende seiner Präsentation aus Versehen zu oft die Fernbedienung drückt. Wenn er Glück hat, landet er im Bearbeitungsmodus von PowerPoint. Nicht selten aber endet er auf seinem Desktop. Autsch! Keine der beiden Optionen sieht gut aus, beide sind unprofessionell. Mit zwei schwarzen Slides am Ende der Präsentation gehören solche Probleme der Vergangenheit an. Als Redner klickst du damit immer ins Schwarze.

Das schwarze Slide

Jetzt, da du weißt, warum es von Zeit zu Zeit sinnvoll ist, den Screen auf Schwarz zu schalten, zeigen wir dir drei Wege, die alle ins Schwarze treffen.

Eine erste Option ist der Buchstabe »B« auf deiner Tastatur. Wenn du »B« (wie »Black«) im Präsentationsmodus drückst, wird dein Bildschirm schwarz. Um zurückzukehren, drücke »B« einfach noch mal, und du landest wieder auf derselben Folie. (Übrigens, das Gleiche funktioniert mit »W« für einen weißen Screen oder eine weiße Leinwand. Das mögen wir aber als professionelle Redner nicht. Es ist grell und lenkt das Publikum ab.)

Ein Nachteil dieser Option ist, dass du für einen schwarzen Screen jedes Mal zur Tastatur gehen musst. Und wenn du mit deinen Slides fortfährst, musst du immer mit der letzten Folie starten. Der Extra-Klick zum nächsten Slide kann für das Publikum störend wirken.

Eine zweite Option, den Bildschirm schwarz zu machen, bietet die Fernbedienung. Die meisten Fernbedienungen für Slidepräsentationen haben heute einen Taste, die deinen Screen auf Schwarz umstellt. Du musst die Taste nur einmal drücken, um »schwarz zu sehen«, und noch einmal, um zur letzten Folie zurückzukehren.

Der Vorteil der Fernbedienung liegt auf der Hand. Du kannst deinen Screen von überall auf der Bühne auf Schwarz schalten. Allerdings stehst du vor demselben Problem wie bei der »B«-Taste. Du musst mit der letzten Folie wieder starten.

Ein dritter Weg, deinen Screen einzuschwärzen, ist die Verwendung von schwarzen Slides an den richtigen Stellen. Wenn du deinen eigenen Computer benutzt, ändere einfach die Hintergrundfarbe einer Seite in PowerPoint oder Keynote von Weiß auf Schwarz. Wenn du deine Präsentation auf einem anderen Computer lädst, wird das »Master File« des anderen Computers deinen schwarzen Hintergrund auf Weiß zurücksetzen. Für diesen Fall füge ein schwarzes Rechteck ein, das die gesamte Folie bedeckt.

Der Vorteil schwarzer Slides sind weichere Übergänge in deiner Präsentation. Nachdem du die Folie davor besprochen hast, klickst du in die schwarze Folie. Wenn du weiterklickst, landest du auf dem gewünschten nächsten Slide. Vergiss aber nicht, dass du das schwarze Slide an der entsprechenden Stelle auch nutzen musst. Du hast keine Option. Du musst wissen, wann sie jeweils kommen.

Dein verlängerter Arm

Wenn du Folien in deinen Präsentationen verwendest, benutze eine Fernbedienung. Oder du musst neben dem Computer stehen und die Slides weiterklicken oder immer vor- und zurückrennen oder jemand anderen haben, der das für dich macht. Die erste Option ist langweilig, die anderen beiden chaotisch.

Kauf dir eine gute Fernbedienung – sie sind nicht teuer – und lerne, sie richtig einzusetzen. Sie erlaubt dir, die gesamte Bühne zu nutzen, und wird die Professionalität deiner Präsentationen steigern.

Es gibt auf dem Markt viele gute Fernbedienungen für Präsentationen. Wähle eine, die sich für dich gut anfühlt. Sie ist schließlich dein verlängerter Arm beim Präsentieren. Wir beide verwenden seit Jahren den Wireless Presenter R400 von Logitech. Diese Fernbedienung ist kompakt und praktisch, einfach zu handhaben und funktioniert gut. Du musst keine Software auf deinem Rechner installieren. Einfach den Empfänger in die USB-Buchse stecken – fertig!

Die meisten Fernbedienungen haben einen An-/Ausschalter, Tasten, um die Folien weiter- oder zurückzuklicken, eine Taste, die den Screen schwarz macht, sowie einen Laser Pointer. Andere Funktionalitäten sind Timer, Audiorekorder und Batterieanzeige.

Wenn du eine Fernbedienung benutzt, musst du sie im Griff haben. Such nicht nach der richtigen Taste, wenn du auf der Bühne stehst. Viele Leute sind eingeschüchtert und verwenden keine Fernbedienung, weil sie denken, sie würden im falschen Moment die falschen Tasten drücken.

Mit ein bisschen Übung kann jeder damit umgehen. Es ist keine höhere Mathematik. Lass uns dich nie erwischen, wie du auf der Bühne sagst: »So, wie funktioniert das hier?«

Sei dezent, wenn du zum nächsten Slide klickst. Viele Leute, die nicht daran gewöhnt sind, mit Fernbedienung zu präsentieren, bewegen sie hin und her wie ein Lichtschwert. Aber du bist nicht Luke Skywalker und dein Publikum ist nicht Darth Vader (zumindest nicht alle)! Heb nicht mal deine Hand. Drück einfach und ganz diskret die Weiter-Taste (es sei denn, es befindet sich ein größeres Hindernis zwischen dir und dem Computer). Der Empfänger wird das Signal aufgreifen und das nächste Slide erscheint.

Sei sparsam mit dem Laser. Wenn du ihn auf jedem Slide verwenden musst, sind zu viele Informationen auf deinen Folien. Und nie mit Text benutzen. Leute können ohne deine Hilfe lesen. Wenn du den Laser mit Text einsetzt, hast du oben nicht zugehört und es sind zu viele Wörter auf deinen Slides.

Ein abschließender Tipp: Immer, immer, immer Ersatzbatterien griffbereit dabeihaben.

Rede mit uns

Wenn ein Redner mit PowerPoint präsentiert, besteht jedes Mal die Gefahr, dass er von seinen eigenen Slides hypnotisiert wird. Er spricht dann nur noch zu ihnen und nicht mehr zum Publikum. Wenn das passiert, liegt das häufig an einem von zwei Gründen. Entweder der Redner ist nicht gut vorbereitet und nutzt die Folien als Notizen, oder es sind so viele Informationen auf den Slides, dass er gezwungen ist, ihnen hinterherzujagen.

Die Slides sind nicht dein Publikum! Das Publikum ist dein Publikum. Rede mit ihm. Wenn du ab und zu deine Folien checken musst, ist das okay. Mach einfach eine Pause, dreh dich in die Richtung, schau deine Zuhörer wieder an und sprich weiter.

Aber bitte verwende deine Folien nicht als Notizen! Das ist so was von Amateur. Der Grund für Slides ist, dem Publikum zu helfen, nicht dem Redner. Nutze Slides nicht als Krücken.

Eine nützliche Hilfe ist die Referentenansicht in PowerPoint. Diese Funktion lässt dich als Redner etwas anderes sehen als das, was deine Zuhörerschaft auf der Leinwand sieht. Dein Publikum sieht nur die Folie, du aber kannst das aktuelle Slide sehen, das folgende, einen Timer und, falls gewünscht, deine Sprechernotizen. Wir raten dringend von Notizen ab, wenn du auf der Bühne stehst und vor einem Livepublikum präsentiert. Du würdest nur rüber zu deinem Computer schielen. Keine gute Idee, wenn du den TED-Effekt willst!

Um das Beste aus dieser Funktion zu machen, stell sicher, dass der Computer so platziert ist, dass du den Bildschirm mühelos sehen kannst. Zum Beispiel an der Seite des vorderen Rands der Bühne. Dann musst du dem Publikum nie deinen Rücken zudrehen.

Wir beide lieben Einfachheit. Wir bevorzugen ein Minimum an Informationen auf unserem Bildschirm: Die aktuelle Folie, die nächste und den Timer.

Und so sieht das Ganze aus:

Was das Publikum sieht:

Was du siehst:

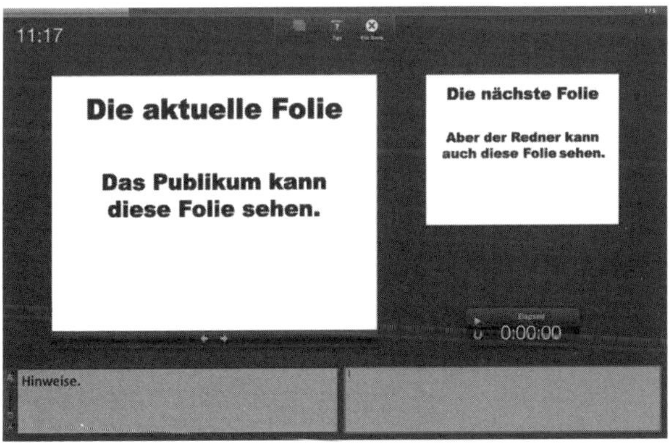

Keinen Dank für Ihre Aufmerksamkeit

Viele Leute überrascht diese Empfehlung. »Was meint ihr? Jeder hat eine ›Vielen Dank für Ihre Aufmerksamkeit‹-Folie am Ende der Präsentation. Ist es nicht unhöflich, sich nicht beim Publikum zu bedanken? Das Slide ist Teil unserer unternehmensinternen Standardvorlage!«

Erstens gibt es keine Regel, die besagt, dass du dich nach jedem Vortrag bei deinem Publikum bedanken musst. Ganz im Gegenteil. Bei motivierenden oder inspirierenden Vorträgen ist es definitiv nicht ratsam. Es ist viel wirkungsvoller, die Rede mit einer mitreißenden Handlungsaufforderung und einem Regenrohr abzuschließen.

Aber es gibt auch Momente, in denen du dich gerne beim Publikum am Ende deiner Präsentation bedanken willst (zum Beispiel als CEO bei einer Jahreshauptversammlung). Gut, aber ist es wirklich nötig, ein Slide mit den Worten »Danke schön« zu haben? Wenn du dich bei deinem Publikum bedanken willst, schau ihnen in die Augen und danke ihnen wirklich. Danke ihnen von Herzen, nicht von der Leinwand. Heb dir dein letztes Slide für etwas Sinnvolleres auf wie die Handlungsaufforderung.

Die Macht des Gegenstands

Eine Sache, die viele von Hans Roslings Vorträgen von vielen anderen technischen Präsentationen unterschied, war sein kreativer Einsatz von Requisiten, von Gegenständen. Egal ob Steine, Toilettenpapier, Wäschekörbe oder Waschmaschinen, Rosling half seinem Publikum, die Bedeutung seiner Daten zu verstehen und sich daran zu erinnern.

Requisiten – Objekte, die du als Teil deiner Präsentation verwendest – können die visuelle Wirkung deiner Präsentation deutlich erhöhen.

iPhone, Tesla und du

Stell dir vor, du musst ein neues Produkt präsentieren, das dein Unternehmen entwickelt hat. Das Produkt auf der Bühne zu haben, wird die Idee viel greifbarer machen als das schönste Foto auf einem Slide. Deine Zuhörer werden ein viel besseres Gefühl für das Produkt bekommen, wenn sie es vor sich sehen.

Wenn Steve Jobs seine neuesten Apple-Entwicklungen wie das iMac, den iPod oder das iPhone präsentierte, hatte er die Produkte immer mit auf der Bühne. Er zeigte, wie sie funktionieren. Wenn Elon Musk das neueste Auto von Tesla präsentiert, hat er es mit auf der Bühne. Er öffnet die Türen und steigt ein und steigt aus, um zu zeigen, wie geräumig es ist. In beiden Fällen hinterließen und hinterlassen die Gegenstände einen viel größeren Eindruck, als jegliches Slide jemals hinterlassen könnte.

Vielleicht präsentierst du nicht das neueste Smartphone oder das neueste Elektroauto, aber Gegenstände machen jedes Thema greifbarer.

Ein Beutel mit Zucker und Salz

Nach unserer Erfahrung ist die Verwendung von Gegenständen in Präsentationen heute nach wie vor nicht weitverbreitet. Wenn also jemand eine Requisite in den Vortrag einbaut, nehmen Leute es zur Kenntnis und merken es sich. Sogar oder gerade die einfachsten alltäglichen Gegenstände setzen sich in der Gedankenwelt des Publikums langfristig fest.

James Grant war 15 Jahre lang der Leiter des Kinderhilfswerks der Vereinten Nationen (UNICEF). Er widmete sein Leben der Vermeidung unnötiger Todesfälle bei Kindern, die leicht zu verhindern wären. In seinen Präsentationen verwendete er einen einfachen Gegenstand, den die Zuhörer nie wieder vergessen würden.

Eine Hauptursache für Todesfälle bei Kleinkindern in Entwicklungsländern ist Dehydration durch Durchfall. Viele dieser Todesfälle könnten durch eine orale Rehydration verhindert werden. Die Rehydrationslösung besteht aus Wasser, in dem eine kleine Menge an Zucker und Salz gelöst ist. In seinem Buch *Die Welt verändern: Social Entrepreneurs und die Kraft neuer Ideen* beschreibt David Bornstein, wie Grant Unterstützung für seine Initiative suchte. Bei seinen Präsentationen zeigte er Staats- und Regierungschefs, Präsidenten und Königen immer einen Beutel mit einigen Teelöffeln Zucker und Salz und erklärte, wie einige Cents das Leben eines Kindes retten könnten. Die Requisite war einfach und half Menschen zu verstehen, wie sie Teil der Lösung eines größeren Problems sein können.

James Grant starb in 1995, aber sein energischer und kreativer Führungsstil bei UNICEF haben dazu beigetragen, Millionen von Kinderleben auf der ganzen Welt zu retten. Dank eines kleinen Beutels mit Zucker und Salz.

Übung macht den Meister

Greifbarer, verständlicher, einprägsamer – der Wert von Gegenständen in einer Präsentation ist undiskutierbar. Jetzt folgen Techniken, wie du sie einsetzen kannst, um deine Präsentationen noch visueller zu gestalten.

Verwende nur relevante Gegenstände

Ohne Frage, das ist die wichtigste Regel für die Verwendung von Gegenständen. Wenn sie nicht in irgendeiner Weise die Botschaft deines Vortrags unterstützen, lass es bleiben!

In ihrem 2008er TED-Talk *My stroke of insight* (bit.ly/1pI5KIB) verwendet Jill Bolte Taylor, eine Gehirnforscherin, ein echtes Gehirn als Requisite. Das Gehirn ist wirksam, weil es dem Publikum eine visuelle und einprägsame Idee von der Grundstruktur des Gehirns vermittelt. Und es ist relevant, weil Bolte Taylor über das menschliche Hirn spricht und über ihre eigene Erfahrung eines massiven Schlaganfalls.

FLORIAN

In einem Training in Barcelona verwendete Axel, ein Teilnehmer aus Nürnberg, auf kreative Weise alltägliche Gegenstände, um seiner Botschaft, immer positiv zu denken, Nachdruck zu verleihen. Er positionierte einen Tisch in der Mitte der Bühne. Dann stellte er zwei halb volle Gläser auf den Tisch.

Er ging hinter den Tisch, deutete auf das Glas rechts von ihm und sagte in urfränkischem Dialekt: »Des is mir scheißegal, ob des Glas halb voll is.« Er deutete auf das Glas links von ihm: »Und des is mir a scheißegal, ob des Glas halb leer is." Dann griff er sich ein Glas, schüttete das Wasser in das andere und rief triumphierend: »Ich will mei Glas VOLL!«

Axel vernichtete ein abgedroschenes Klischee mit den bestmöglichen Alltagsgegenständen.

Unterstützt dein Gegenstand deine Botschaft? Wenn ja, großartig. Wenn nein, finde einen besseren Gegenstand.

Sei kreativ

Requisiten bieten Rednern eine fantastische Möglichkeit, kreativ zu sein. Kreativität ist einprägsam. Kreativität führt zum TED-Effekt. Du hast Tausende von Objekten zur Auswahl. Deine Vorstellungskraft ist gefordert. Denke an ungewöhnliche Gegenstände, die eine dauerhafte Wirkung im Publikum erzielen. Eine Idee ist, in Metaphern und Analogien zu denken und zu sehen, wie sie deine Botschaft stärken.

FLORIAN

Über 20 Jahre lang habe ich in Vereinen Fußball gespielt. Ich liebe Fußball. Deshalb habe ich in meinem TEDx-Talk die Metapher Fußball verwendet, um das Problem, dass sich Europäer nicht kennen, zu vereinfachen. In deutschen Fußballvereinen muss jeder Spieler einen Spielerpass haben. An einer Stelle in meinem TEDx-Talk zeige ich meinen deutschen Pass und sage: »Mit nur einem Pass können wir uns frei auf dem ganzen Spielfeld bewegen.«

Wir haben Steve Jobs bereits erwähnt, somit ist es nur fair, dass wir auch Bill Gates honorieren. In seinem 2009er TED-Talk *Mosquitos, malaria and education* (bit.ly/2i9OwbK) diskutiert Gates darüber, was gegen eine der größten Herausforderungen der Menschheit getan werden kann. Auf einem kleinen Tisch auf der Bühne steht ein geschlossener Glasbehälter mit umherfliegenden Stechmücken.

Zu Beginn seines Vortrags sagt Gates: »Malaria wird natürlich durch Stechmücken übertragen. Ich hab hier einige mitgebracht, damit ihr das auch mal erleben könnt.« Er öffnet den Behälter und lässt die Mücken frei und in den Saal fliegen. »Wir werden sie ein bisschen durch Auditorium streifen lassen«, fährt er unter allgemeinem Gelächter fort. »Es gibt keinen Grund, warum nur arme Menschen diese Erfahrung machen sollten.« Die Menge applaudiert.

Gates' (am Ende doch nicht infizierten) Mücken waren eine kreative Requisite. Sie haben definitiv die Aufmerksamkeit des Publikums auf sich gezogen.

Zeige deinen Gegenstand

Je größer das Publikum, desto mehr musst du dafür sorgen, dass jeder deinen Gegenstand sehen kann. Für die hinteren Reihen ist es frustrierend, wenn sie ihn nicht sehen können. Sogar bei kleineren Gruppen von Zuhörern musst du sicherstellen, dass deine Gegenstände sichtbar sind. Das bedeutet: Hochhalten und warten, bis jeder im Publikum deinen Gegenstand visuell verarbeitet hat.

Abhängig von der Größe des Gegenstands könntest du ihn jemandem im Publikum geben, der ihn dann weiterreicht. Der Vorteil ist, dass ihn dein Publikum anfasst und ihn genauer betrachten kann. Der Nachteil ist die Unruhe, die entsteht, sobald ein Objekt durch die Reihen schwebt. Du musst entscheiden, ob das Weitergeben des Gegenstandes deiner Präsentation hilft oder schadet. Einflussfaktoren sind: die Anzahl der Leute im Publikum und die Dauer des Weiterreichens.

Jedem Zuhörer einen Gegenstand zu geben, ist eine weitere Option. Was natürlich abhängt von der Publikumsgröße und der Beschaffenheit des Gegenstands.

Wir haben zum Beispiel mit einem Unternehmen gearbeitet, das Parfum produziert. Wir haben Präsentationen vor bis zu 15 Leuten erlebt, in denen der Redner Duftstoffproben an alle Zuhörer verteilt hat. Jeder konnte es riechen.

Bei größeren Auditorien ist es nicht ratsam, einen Gegenstand oder Gegenstände herumzureichen.

Oft werden Vorträge heute gefilmt und auf die Großleinwand projiziert. Wenn deine Requisite zum Einsatz kommt, halte sie lange genug in die Kamera, dass sie alle im Publikum sehen können.

Verwende die richtige Anzahl

Wenn du mehr Gegenstände in deinem Vortrag verwendest als angemessen, unterstützen sie deine Botschaft nicht mehr, sondern sie stören.

Aber wie bei Slides gibt es keine einfache Regel, wie viele Requisiten du verwenden solltest. Jede Präsentation ist anders und jede bedarf eines anderen Rezepts, um am Ende erfolgreich zu sein. Es kommt auf eine Reihe von Faktoren an. Die Zeit, die du zur Verfügung hast, die Art der Gegenstände und ob sie miteinander in Verbindung stehen.

In seinem 2009er TED-Talk *A better way to harvest bone marrow* (bit.ly/1nY5ThP) spricht Daniel Kraft für nur vier Minuten, aber vermittelt eine unglaubliche Menge an Informationen. Kraft verwendet einen Plastiksack, in dem sich ein Liter Knochenmark befindet, eine Nadel, einen Teil eines Skeletts und zwei Versionen des Geräts, das er erfunden hat, um Knochenmark zu akquirieren. Das sind viele Requisiten in so kurzer Zeit. Und doch verwendet Kraft sie effektiv, sie unterstützen seine Botschaft.

Wir haben gelernt, dass ein Gegenstand normalerweise ausreicht. Egal, wie viele du verwendest, nutze Gegenstände auf dieselbe Art und Weise wie Gewürze beim Kochen. Genug, um den Geschmack zu verbessern, aber nicht zu viel, um das Gericht nicht zu verderben.

Testen, testen, testen

Je komplizierter die Requisite, desto größer die Chance, dass etwas schiefläuft. Nicht einmal Steve Jobs war sicher vor Problemen mit Requisiten. Schau dir zum Beispiel diese iPhone-Demonstration aus dem Jahr 2010 an (bit.ly/2iwhZzu). Sie läuft schief, weil zu viele Leute im Publikum das WiFi-Volumen mit ihren Smartphones und Computern aufbrauchen. Jobs und sein Team bekommen die Lage am Ende in den Griff, aber erst als sie das Problem kennen und die Leute bitten, ihr WiFi abzuschalten.

Testen, testen, testen, und dann noch mal Testen vor der Präsentation. Das ist umso wichtiger, wenn dein Anschauungsmaterial eine Schlüsselrolle in deinem Vortrag spielt. Zum Beispiel wenn du deinem Publikum live eine Erfindung präsentierst als Teil eines Talks, der zudem fürs Internet aufgenommen wird.

Markus Fischer, Leiter Corporate Design bei einem deutschen Technologieunternehmen gab einen TED-Talk im Jahr 2011, *A robot that flies like a bird* (bit.ly/1U72FT5). Für seinen Vortrag musste er sich sicher sein, dass die Requisite funktionieren würde. Zur Freude des Publikums zeigt er einen Roboter, den er und sein Team erfunden haben. Es ist ein »SmartBird«, nachempfunden einer Seemöwe. Das Objekt fliegt durch den Raum mit Flügelschlägen wie ein echter Vogel. Vieles hätte schiefgehen können mit diesem Gegenstand (er hätte sogar ins Publikum fallen können!), aber es lief wie am Schnürchen.

Denkst du, dass Fischer vor seinem Auftritt einfach nur das Beste gehofft hat? Wir haben keinen Zweifel daran, dass er und sein

Team den SmartBird unzählige Male vor der Präsentation getestet haben.

Wenn du ein Objekt mit technischen Funktionen verwendest, stell sicher, dass alle Teile in Ordnung sind. Vergewissere dich, dass es an den Strom angeschlossen ist oder dass die Batterien voll sind. Teste das Objekt vorab in dem Raum, in dem du präsentieren wirst, und sorge dafür, dass du genug Platz für deine Demonstration hast.

Habe einen Plan B

Viele Gegenstände sind einfache Objekte mit wenigen oder keinen sich bewegenden Teilen. Die Gefahr, dass sie nicht funktionieren, ist gering. Aber was ist mit komplexen Requisiten wie Markus Fischers SmartBird? Was passiert, wenn sie kaputtgehen oder nicht funktionieren? Was, wenn du sie vergisst? Bist du flexibel? Hast du einen Plan B?

In Markus Fischers TED-Talk ging alles glatt. Um auf der sicheren Seite zu sein, hätte er ein Video mit dem fliegenden Robotervogel in der Hinterhand haben können, falls etwas mit der Livepräsentation falsch gelaufen wäre. Vielleicht hatte er ein solches Video. Wir wissen es nicht, weil er es nicht brauchte. Aber es ist wichtig, für den Fall der Fälle einen Plan B zu haben.

Fühl dich wohl mit deinen Gegenständen

Du musst dich mit deinem physischen Anschauungsmaterial von Anfang bis Ende wohlfühlen. Du musst wissen, wie und wo du es platzierst, wie du es zeigst, wie du es benutzt, wie du es bedienst, wie du es kontrollierst, wie du es gegebenenfalls stoppst und wie du es wieder weglegst. Und du musst natürlich darüber reden können.

Ein denkwürdiges Beispiel in diesem Sinne ist eine physikalische Demonstration von Prof. Chris Bishop. Während seiner Royal-Institution-Christmas-Vorlesungen in England im Jahr 2008 erklärte Prof. Bishop seinen jungen Studenten die Gesetze der Physik. Er will die Verlässlichkeit der 300 Jahre alten Formeln von Isaac Newton demonstrieren. Professor Bishop verwendet dafür ein Pendel oder, wie es der Titel des YouTube-Videos nennt, den *Swinging ball of death* (bit.ly/2hsWi3t)!

Eine 14 Kilogramm schwere Stahlkugel hängt an einem Seil, das mit der Decke des Theaters verbunden ist. Prof. Bishop geht an das eine Ende der runden Bühne und hält die Stahlkugel direkt vor sein Gesicht. Wenn er die Kugel loslasse, erklärt er, würde sie zurückschwingen und dann wiederkommen. Gemäß der physikalischen Gesetze würde sie knapp vor seinem Gesicht stoppen. »Okay, das ist die Theorie«, sagt er zur Freude seines jungen Publikums.

Eine winzige Variation dieser Gesetze würde genügen, um Prof. Bishop das Gesicht zu zertrümmern.

Tatsächlich schwingt die schwere Kugel durch den Raum und zurück, wo sie, begleitet von erschrockenen Lauten des Publikums, kurz vor seinem Gesicht zum Stehen kommt. Deine Gegenstände werden ziemlich sicher nicht so gefährlich sein, aber du solltest dich mit ihnen genauso wohlfühlen wie Prof. Bishop mit seiner Stahlkugel.

Verstecke deinen Gegenstand

Dies ist einfach zu handhaben mit kleinen Objekten, die du in deiner Tasche oder hinter dem Rednerpult verstecken kannst. Es ist aber auch mit größeren Gegenständen möglich, wenn du auf einer Bühne präsentierst, die einen Vorhang am hinteren Ende hat oder Seitenzugänge.

Das Verstecken deines Anschauungsmaterials birgt zwei Vorteile. Erstens ist die Wirkung größer, wenn die Zuhörer es erst im Moment der Enthüllung sehen.

Ein klassisches Beispiel dafür ist Steve Jobs' Präsentation auf der MacWorld-Konferenz im Jahr 2008. Im YouTube-Video *MacBook Air unveiled on Macworld 2008* (bit.ly/2imcvnS) enthüllt Jobs das neue MacBook Air. Er will, dass sein Publikum versteht, wie dünn und leicht der Laptop wirklich ist. Zunächst zeigt er einige Slides, welche die Maße des MacBook Air mit dem Produkt des wichtigsten Wettbewerbers vergleicht. Danach zeigt er am Screen das Bild eines großen braunen Umschlags, den Firmen typischerweise in ihren Büros verwenden.

»Es ist so dünn«, sagt Jobs, »es passt sogar in einen dieser Umschläge, die wir alle in unseren Büros herumfliegen sehen. Und lasst mich weitermachen und es euch jetzt zeigen.« Er geht quer über die Bühne zum Rednerpult, wo außer Sicht ein brauner Büroumschlag liegt. Jobs hebt ihn auf und hält ihn hoch, dass jeder ihn sehen kann. Er öffnet den Umschlag und zieht das MacBook Air heraus, zur Begeisterung des Publikums.

Den Gegenstand so zu zeigen hatte einen viel größeren dramatischen Effekt. Für viele professionelle Redner gilt die Enthüllung des MacBook Air als eine der besten Enthüllungen von Anschauungsmaterial aller Zeiten.

Der zweite Vorteil, den Gegenstand zunächst im Verborgenen zu halten, ist, dass er das Publikum nicht unnötig ablenkt, während du über etwas anderes sprichst.

In einem 2012er TED-Talk, *All it takes is 10 mindful minutes* (bit.ly/1CKSLN6), spricht Andy Puddicombe über die Vorteile von Achtsamkeit und Meditation. Während seines Vortrags verwendet Puddicombe drei Jonglierbälle, um verschiedene Aspekte der Achtsamkeit zu beschreiben. Die Jonglierbälle als Anschauungsmaterial repräsentieren hervorragend unsere Gedanken. Jedoch lenken sie uns für mehr als die Hälfte seines Vortrags ab.

Puddicombe kommt auf die Bühne und hält die drei Bälle für mehr als fünf Minuten in den Händen, bevor er sie benutzt. Er erwähnt sie nicht mal. Als Zuschauer denkst du: »Wann fängt er endlich an zu jonglieren?« Die Bälle zu sehen, ruinierte auch den Überraschungseffekt. Als er sich endlich zum Jonglieren bereit macht, sagt Puddicombe: »Und dafür sind diese [Bälle], falls Sie sich gewundert haben …«

Das Publikum sollte sich niemals wundern müssen. Anschauungsmaterial ist Unterstützung, nicht Ablenkung. Anstatt die Bälle die ganze Zeit in den Händen zu halten, hätte Puddicombe sie auf einem kleinen Tisch unter einem schwarzen Tuch verbergen können. Alternativ hätte sie ihm jemand im richtigen Moment reichen können. Wie auch immer, er hätte seine Hände in der ersten Hälfte des Vortrags frei gehabt für mehr nonverbale Wirkung und er hätte mit der Enthüllung der drei Bälle ein Überraschungselement einbauen können.

Wenn du in deinen Präsentationen Gegenstände verwendest, versuche, sie zu verbergen, bis du sie im Vortrag benötigst. Abhängig von Größe, Form und Gewicht kann das nicht immer möglich sein. Wenn es aber möglich ist, solltest du sie versteckt halten.

JOHN

Als ich im Jahr 2009 am Europafinale in der humorvollen Rede von Toastmasters International teilnahm, ging es in meinem parodierenden Vortrag um Männer und wie sie die Streitkompetenz ihrer Frauen bewerten (bit.ly/2iTbbZm). An einem Punkt erwähnte ich, dass Frauen, wenn sie ihre Männer anschreien, nicht immer ohne Ende weitermachen sollten. Bei Toastmasters ist eine Rote Karte ein Zeichen dafür, dass du deinen Vortrag beenden solltest. Ich fand einen Weg, dies in meine Rede einzubauen. Ich benutzte eine rote Karte als Gegenstand, aber ich hielt sie in der Innentasche meines Blazers verborgen, bis ich sie brauchte. Das Publikum war überrascht, als ich sie herauszog, und ich erntete einen großen Lacher.

Leg es wieder weg

Sobald du den Gegenstand nicht mehr für deinen Vortrag benötigst, leg ihn wieder weg, am besten an einen Ort, wo er das Publikum nicht ablenkt. In den meisten oben genannten Reden haben die Sprecher ihr Anschauungsmaterial weg oder zur Seite gelegt oder ein Assistent hat sie ihnen abgenommen, als sie die Objekte nicht länger gebraucht haben.

JOHN

Mein erstes Präsentationstraining an der WHO war für die Polioabteilung. Einer der Teilnehmer war Dr. Bruce Aylward, ein kanadischer Arzt und

Epidemiologe und stellvertretender Generaldirektor der WHO.

Zu jener Zeit leitete Bruce das Partnerschaftsprogramm »Globale Initiative zur Beseitigung von Polio«. Bill Gates lud ihn ein, um bei TED über den Iststand der Arbeit der WHO zu berichten. Sein TED-Talk hat den Titel *How we'll stop polio for good* (bit.ly/2iizv7v). Bruce folgte den oben dargelegten Prinzipien und verwendet einen simplen Gegenstand am Anfang seines Vortrags, um die Rede mit einem Knalleffekt zu starten.

Am Anfang seiner Rede bittet Bruce die Zuhörer, ihre Augen zu schließen und an eine Technologie zu denken, welche die Welt verändert hat. Während das Publikum nachdenkt, zieht er unbemerkt eine kleine Ampulle aus der Jackentasche. Er honoriert, dass die Leute wahrscheinlich eine unglaubliche Technologie im Sinn hatten, aber er sei sich auch ziemlich sicher, »… dass absolut keiner an das hier gedacht hat«. Er hält für einige Sekunden inne, hält die Ampulle in die Höhe, dass jeder sie sehen kann, bevor er fortfährt: »Dies ist Polioimpfstoff.«

Während Bruce die Ampulle zurück in seine Jackentasche steckt, sagt er, dass die Leute im Publikum diese Impfung als selbstverständlich ansehen könnten, aber das sei nicht immer so gewesen. Er wechselt zu PowerPoint und zeigt ihnen ein Bild aus Zeiten, als Polio Menschen in den USA noch in Angst und Schrecken versetzte. Mit dieser Einleitung legte Bruce ein robustes Fundament für seinen Vortrag über den Kampf gegen Polio.

Was macht die Verwendung des Impfstoffes in seiner Rede so effektiv? Er folgt den oben genannten Prizipien:

Der simple Gegenstand, die Ampulle, ist relevant für die Botschaft.

Bruce verwendet sie auf kreative Art und Weise, um die Aufmerksamkeit des Publikums auf sein Thema zu lenken.

Er hält den Gegenstand im Verborgenen, bis er ihn braucht.

Er stellt sicher, dass jeder im Publikum ihn sehen kann.

Der Gegenstand ist einfach zu handhaben.

Bruce steckt die Ampulle wieder weg, sobald er sie nicht mehr braucht.

Welche Gegenstände kannst du in deinen Präsentationen verwenden, um den TED-Effekt zu haben? Denke darüber nach.

Wir haben Beispiele diskutiert von Stechmücken bis Tesla. Mit Sicherheit findest du etwas Passendes dazwischen!

Um dir noch weiter auf die Sprünge zu helfen, hier eine kleine Übung. Erstelle eine Liste mit potenziellen Gegenständen für deine Präsentationen. Deine Liste sollte dem Beispiel unten folgen, in dem du die Botschaft deiner Präsentation aufschreibst, einen Gegenstand, den du dafür nutzen könntest, und wie genau du ihn nutzen würdest.

Lass deine Ideen sprudeln. Dies ist eine Brainstorming-Übung, also sei kreativ und trau dir so viel zu wie möglich. Überarbeiten kannst du die Liste später.

Als Inspiration hier einige »echte« Beispiele:

Botschaft	**Gegenstand**	**Anwendung**
Kreatives Schreiben ist gut für Innovation.	Bleistift	»Viele Leute begehen einen großen Fehler.« Zeig deinem Publikum einen Bleistift und brich ihn in zwei Teile. »Sie hören mit dem kreativen Schreiben auf, sobald sie die Schule verlassen haben!«
Schauen Sie Ihren Ängsten in die Augen!	Ballon	Der Ballon repräsentiert die Ängste der Menschen. Lass ihn platzen und sage: »Ihre Ängste sind nur in Ihrem Kopf.«
Seien Sie offen gegenüber unterschiedlichen kulturellen Traditionen!	Stäbchen und trockene Bohnen	Verteile Stäbchen und trockene Bohnen (nur mit kleiner Gruppe möglich!). Bring die Leute dazu, dass sie die Bohnen mit ihren Stäbchen hochheben.
Investieren Sie in unser Geschäft!	App	Lade die Leute am Ende deiner Präsentation dazu ein, eure App auf ihrem Smartphone zu installieren.
Gehen Sie jeden Tag 10.000 Schritte!	Digitaler Schrittzähler	Nimm zu Beginn deines Vortrags den Schrittzähler aus deiner Tasche und sag dem Publikum, wie viele Schritte du bereits an diesem Tag gemacht hast. Halte deine Rede und sag ihnen am Ende die Anzahl von Schritten, die du während der Rede gemacht hast und wie viele dir an dem Tag noch fehlen.

Und Videos?

Leute fragen uns oft, ob es eine gute Idee ist, Videos im Rahmen eines Vortrags zu verwenden. Video ist ein Thema, über das du gut nachdenken solltest.

Angenommen, das Video hat auch Ton (wie es die meisten Videos haben), dann gibst du die Kontrolle über die Redeplattform ab, solange das Video läuft. Das ist nicht gut für deinen TED-Effekt.

Der Einsatz von Videos ist keine Frage in einem mehrtägigen Training, in dem du Videomaterial verwendest, um zum Beispiel einen Punkt zu verdeutlichen und diesen anschließend mit den Teilnehmern zu diskutieren.

In einem viel kürzeren Vortrag jedoch kann ein Video den Redefluss stören, was bedeutet, dass du nach der Einspielung schwer rudern musst, um wieder in deinen Fluss zu kommen.

Falls du Videos in deinen Präsentationen einsetzen willst, hier einige Tipps, um sicherzustellen, dass dir das Video auch hilft als Redner:

- Das Video muss relevant sein.
- Das Video muss von guter Qualität sein.
- Verwende gute Lautsprecher. (Stell sicher, dass die Event-Location gute Lautsprecher hat, oder bringe deine eigenen mit.)
- Das Video sollte relativ kurz sein (eine Minute oder weniger).
- Binde das Video in deine Präsentation ein. Verlass dich nicht auf das Internet.
- Halte eine Kopie des Videos auf deinem Desktop für den Fall bereit, dass es ein Problem mit den Slides gibt.

- Beende deinen Vortrag nie mit einem Video. Das letzte Wort gehört immer dir.

Noch zwei abschließende Gedanken.

Erstens: Du kannst ein Video vor deinen eigentlichen Vortrag setzen. Auf diese Weise unterstützt es deine Präsentation, ist aber nicht wirklich Teil davon. Das Video wird zur Vorspeise, deine Rede ist der Hauptgang.

FLORIAN

Seit Jahren arbeite ich mit Jochen Schweizer zusammen, dem bekannten Ex-Stuntman und Unternehmer. Jochen wird gerne als Motivationsredner für Firmenevents gebucht. Vor einem Vortrag läuft immer ein fünfminütiges, mit Action geladenes Video, das Stationen aus Jochen Schweizers Werdegang zeigt. In Kombination mit lauter, motivierender Musik bereitet das Video den Saal perfekt für Jochens Auftritt vor. Mit seiner charmant breiten Brust hat er mir mal anvertraut: »Das sind meine Heldentaten!«

Zweitens kannst du ein Video auch ohne Sound abspielen und das Video erklären, während es läuft. Auf diese Weise behältst du die narrative Kontrolle. Ein ausgezeichnetes Beispiel für ein stummes Video ist Daniel Krafts 2009er TED-Talk *A better way to harvest bone marrow*, den wir bereits erwähnt haben.

In seinem Talk verwendet Kraft zwei Videos, um seine Erfindung, ein Gerät, mit dem man Knochenmark entnehmen kann, zu erklären: Ein 38-sekündiges animiertes Video und ein 15-sekündiges Video, das den tatsächlichen medizinischen Eingriff zeigt. Kraft beschreibt jeweils, was passiert, und die Videos helfen dem Publikum, das Gerät besser zu verstehen.

Wir haben bereits ein weites Feld abgedeckt. Du hast jetzt die richtigen Werkzeuge, um deine Ideen und Inhalte kritisch zu beleuchten. Du bereitest dich mit dem Publikum im Fokus vor. Du weißt, wie du wirkungsvolle *Visuals* erstellen kannst. Es ist Zeit für die Bühne.

Teil III: Auf der Bühne

Die Technikfalle

Kenne deine Technik

Technik kann eine Falle sein, aber du musst nicht hineintreten. Wenn du weißt, wie sie funktioniert!

Teilnehmer in unseren Trainings müssen ständig aufstehen und reden. Das ist die Essenz. Und eine der Herausforderungen heißt Präsentieren mit Slides. Was passiert da?

Ein Teilnehmer kommt nach vorne mit seinem Laptop. Er fummelt an den Kabeln herum und versucht, seinen Laptop mit dem Beamer zu verbinden. Dann wühlt er in den Eingeweiden seines Computers herum, um die Präsentation zu finden. Oft hat er mehrere Entwürfe unter verschiedenen Dateinamen gespeichert, was es nicht leichter macht, die richtige Version zu finden. Wenn die Präsentation endlich auf seinem Bildschirm und der Leinwand erscheint und er bereit ist anzufangen, reichen wir ihm die Fernbedienung. Und dann hören wir oft die eine unsägliche Frage: »Und wie funktioniert das?«

Nichts davon macht einen guten ersten Eindruck. Klar, es ist eine Trainingssituation. Es ist der richtige Platz, um Fehler zu machen und daraus zu lernen. Und doch sehen wir viel zu oft ähnliche Ethos vernichtende erste Eindrücke auch auf Konferenzen. Das Publikum ist Zeuge, wie der Redner Probleme mit der Technik hat, und seinen oft schwachen Versuch, die Techniker vor Ort um Hilfe zu bitten.

Weißt du noch, was Benjamin Franklin sagte? »Wenn du in der Vorbereitung versagst, bereitest du dich aufs Versagen vor.« Du musst dich vorbereiten, und das beinhaltet die Technik. Die Technik vor einer laufenden Kamera nicht im Griff zu haben, ist noch schlimmer, weil die Kamera nichts vergisst.

Quelle: Florian Pircher, unsplash.com

Wann und wo immer wir eine Rede halten, egal in welcher Situation, wir kommen frühzeitig am Veranstaltungsort an. Wir überprüfen das technische Equipment, das wir für unsere Präsentation brauchen. Wir stellen sicher, dass der Computer richtig mit dem Beamer oder dem Flat Screen verbunden ist und dass die Präsentation richtig läuft. Wir vergewissern uns, dass das Mikrofon keine Störgeräusche macht. Wir wissen, wie die Fernbedienung funktioniert.

Und wir sprechen immer mit den Technikern vor Ort. Dein bester Freund als Redner auf einer Veranstaltung ist nicht deren

Leiter. Es ist nicht der Organisator. Der beste Freund des Redners auf jedem Event ist der Techniker!

Ein großer Leader ist der Erste auf dem Schlachtfeld und der Letzte, der geht. Als Redner bist du der Leader. Sei der Erste vor Ort. Frag nach dem Techniker. Unterhalte dich mit ihm, rede über deine Präsentation, trinkt zusammen einen Kaffee. Und wer macht das? Kaum einer. Zu viele Redner kommen Minuten vor ihrem Auftritt am Veranstaltungsort an. Sie machen sich schnell fertig, hetzen auf die Bühne, schauen ihr Mikrofon an und fragen: »Ist das an?«

Das war's dann mit dem TED-Effekt!

Aber das wirst nicht du sein, wenn du frühzeitig am Veranstaltungsort ankommst und Freundschaft mit dem Techniker schließt. Und wenn ihr dann mal Freunde seid, über was solltet ihr reden? Drei Dinge.

Die Bühne

William Shakespeare schrieb: »Die ganze Welt ist eine Bühne.« Wenn du einen Vortrag hältst, ist die Bühne deine Welt. Egal, ob du professioneller Redner bist oder Amateur – wenn du den TED-Effekt haben willst, musst du deine Bühne kennen.

Jede Bühne ist anders. Wenn du zum Beispiel einen TED-Talk gesehen hast, ist dir wahrscheinlich der berühmte runde rote Teppich aufgefallen. Dieser runde Teppich ist mehr als nur Teil der TED-Marke. TED-Redner bleiben auf dem Teppich, um immer im Blickfang der Kameras zu sein.

Egal, welche Bühne du vorfindest, egal, wie groß sie ist und welche Form sie hat, du willst dich auf ihr zu Hause fühlen. Sei früh da und check sie aus. Erkunde jeden Winkel und bekomme ein Gefühl für sie.

Hier sind einige Fragen, die du dir in Bezug auf die Bühne stellen kannst:

Wie betrete ich die Bühne und wie verlasse ich sie?

Es könnte von vorne sein, von hinten oder von der Seite. Finde heraus, wo du sein musst, wenn du vorgestellt wirst.

Gibt es Treppen, um auf die Bühne zu kommen?

Falls ja, teste sie und stell sicher, dass sie sicher sind. Wir haben mehr als einen ehrgeizigen Redner am Anfang oder am Ende seines Vortrags einen Sturzflug machen sehen!

Gibt es Bereiche auf der Bühne, die quietschende Laute machen, wenn du sie betrittst?

Falls ja, bleib so gut wie möglich von ihnen fern. Auf einer sehr schlechten Bühne kann es jedes Mal, wenn du dich bewegst, quietschen. Wir haben das schon erlebt. Es ist frustrierend, sowohl für den Redner als auch das Publikum. Aber das ist Public Speaking, du arbeitest mit dem, was du bekommst.

Gibt es Bereiche auf der Bühne, die ich meiden muss, weil mich Teile des Publikums oder der Kameramann nicht sehen können?

Manchmal gibt es Säulen in größeren Räumen oder andere Objekte, welche die Sicht auf die Bühne für die Personen, die dahinter sitzen, behindern. Auch gibt es oft Bereiche auf der Bühne, in denen das Licht einen Schatten auf das Gesicht des Redners wirft.

Gibt es gefährliche Stellen auf der Bühne?

Auf einer erhöhten Bühne ist die offensichtlich kritische Stelle der vordere Bühnenrand. Aber auch der hintere Bühnenrand kann gefährlich sein, wenn es bei einer temporären Bühne einen Spalt zwischen ihr und der Wand gibt. Wir haben Leute schon auf beiden Seiten herunterfallen sehen.

FLORIAN

Im September 2015 war ich einer der Hauptredner auf einem Microsoft-Event in Berlin. Ich war früh vor Ort, eine Stunde vor dem Kick-off. Im Gang vor dem Saal schlängelte ich mich durch die früh aufstehenden Kaffeesüchtigen. Ich betrat den Saal

und machte mich mit den Technikern bekannt. Nach einem kurzen Small Talk ging ich direkt weiter zur Bühne.

Dort war bereits ein anderer Redner damit beschäftigt, sich mit der Bühne und der Beleuchtung vertraut zu machen. Es war Jörg Hammerschmidt, der Comedian und Stimmenimitator. Ich sah, wie er ein Stück weißen Tesafilm auf den Boden im Zentrum der Bühne klebte. Als ich mich ihm näherte, meinte er zu mir: »Nicht den Tesafilm überqueren, sonst hast du einen Schatten im Gesicht.«

Jörg ist ein echter Pro!

JOHN
Ich hatte mal einen Redejob in Lissabon. Ich kontaktierte die Veranstalter und fragte sie, ob es möglich sei, Bilder vom Auditorium vorab zu sehen. Es gab welche und sie waren sehr hilfreich. Sie zeigten die Bühne von verschiedenen Blickwinkeln, und ich konnte mich selber sehen, wie ich auf der Bühne stehen würde. Am Tag des Events, als ich zum ersten Mal die Bühne betrat, fühlte es sich an, als wäre ich schon mal da gewesen.

Wenn du einen Vortrag in einer anderen Stadt hältst und bis kurz vor deinem Auftritt keinen Zutritt zum Auditorium hast, setz dich vorab mit den Organisatoren in Verbindung und frage nach Bildern von Raum und Bühne.

Die Kamera

Ah, diese Kamera! Dieses ungerührte, unerbittliche Auge, das alles sieht und alles festhält.

Fühlst du dich unwohl, wenn du vor einer Kamera sprichst? Brauchst du nicht. Als Redner solltest du die Kamera vergessen, zumindest so weit wie möglich.

Die meisten TEDx-Events verfügen über mindestens zwei Kameras: eine für die ganze Bühne, eine für Nahaufnahmen. Oft sind es drei oder vier. In einem größeren Auditorium besteht die gute Chance, dass du die Kameras als Redner überhaupt nicht zur Kenntnis nimmst, weil sie im Raum verstreut sind.

Sprich mit den Technikern vor deinem Vortrag über die Kameras. Frage nach, ob es etwas gibt, das du wissen solltest (normalerweise wird die Antwort Nein sein). Vielleicht willst du in einem Schlüsselmoment deines Vortrags für mehr Wirkung wie Kevin Spacey in *House of Cards* direkt in die Kamera blicken. Zum Beispiel, wenn du sagst: »Die von euch, die diese Rede in Zukunft auf YouTube oder Facebook sehen … .« Finde vorab heraus, welche Kamera dafür am besten geeignet ist.

Generell allerdings empfehlen wir, Kameras zu ignorieren. Direkt in die Kamera zu schauen, ist gut für Nachrichtensprecher, aber du wirst nicht natürlich wirken, wenn du ständig in die Linse starrst. Außer natürlich, wenn es sich um eine Videokonferenz handelt. Aber dazu später mehr.

Einer der Gründe, warum TED-Talks so beliebt sind, ist, dass du als Zuschauer, wo immer du auch bist, das Gefühl hast, mit vor Ort zu sein und direkt mit dem Redner zu sprechen. Bei der Arbeit an diesem Buch haben wir lange diskutiert, ob wir zwischen zwei Zuhörerschaften unterscheiden sollten: dem Livepublikum, wenn du präsentierst, und dem Rest der Welt, sobald deine Rede online ist. Wir haben uns dafür entschieden, es nicht zu tun. Wenn du im Moment präsent bist, werden es beide Zuhörerschaften honorieren.

Und was soll ich anziehen?

Leute fragen uns oft, was sie anziehen sollen, wenn sie auf einer Bühne stehen und gefilmt werden. Das Erste, was wir ihnen sagen, ist, dass wir keine Modeexperten sind. Wir sind am glücklichsten auf der Bühne in Designerjeans und Hemd.

Traditionell war der Dresscode für Vorträge 100 Prozent Business. Aber die Zeiten haben sich geändert. Wenn du zum Beispiel die bisher von uns erwähnten TED-Talks angeschaut hast wirst du feststellen, dass die Redner viel legerer auftreten.

Abgesehen davon sind hier einige grundlegende kleidungstechnische Ratschläge für Frauen und Männer für Präsentationen mit Kamera:

- Kleide dich angemessen für den Anlass. In unseren TEDx-Talks tragen wir beide Jeans, Hemd (John) beziehungsweise T-Shirt (Florian) und Jackett. Es gibt allerdings Anlässe, für die du dich formeller kleiden willst oder musst. Verlasse dich auf dein Urteilsvermögen.
- Wenn es nicht unbedingt notwendig ist (z. B. bei einer Hochzeit), raten wir bei Männern generell von Krawatten ab. Nicht mal Bill Gates trägt bei seinen TED-Talks Krawatte. Und ignoriere bitte unser Buchcover! ;)
- Trage bequeme Kleidung. Du willst nicht etwas zum ersten Mal tragen, um dann auf der Bühne festzustellen, dass es kratzt oder zu eng ist. Vermeide auch zu warme Kleidung.

Die Bühnenbeleuchtung kann die Temperatur deutlich steigern.

- Vermeide glänzende Kleidung. Sie reflektiert das Licht.
- Vermeide Muster wie Karos oder Nadelstreifen. Diese Muster können im Video flackern.
- Trage Farben, die zu deiner Gesichts- und Haarfarbe passen. Wenn wir beide zum Beispiel Beigetöne tragen, schauen wir aus, als würden wir in der Serie *The Walking Dead* mitspielen.
- Vermeide das Tragen insbesondere von großem und auffälligem Schmuck. Er kann klimpernde, störende Geräusche verursachen. Gib besonders acht, dass potenzieller Schmuck nicht das Mikrofon beeinträchtigt.
- Nimm Münzen, Schlüssel oder andere Objekte, die störende Geräusche verursachen können, aus den Hosentaschen.
- Falls du lange Haare hast, stell sicher, dass sie nicht dein Gesicht verdecken. Du willst nicht mit deinen Haaren auf der Bühne spielen. (Wir nennen das den L'Oréal-Effekt.)

FLORIAN

HUK-COBURG, da bin ich her. Es war ein windiger Samstagmorgen in Coburg im Februar 2012. Ich erinnere mich, wie ich den pittoresken Marktplatz überquerte. Das Kopfsteinpflaster war rutschig vom Schnee und das Aroma vom Bratwurststand war zu verführerisch, um zu widerstehen.

Als die Bratwurst weg war, zog ich weiter zur Drogerie Müller. Ich musste die komischste Sache in meinem Leben kaufen: Make-up. Ich dachte nie, nicht in meinen wildesten Träumen, dass ich jemals Make-up tragen würde.

Ob es eine »Bütt« ist, eine Karnevalsrede in meinem fränkischen Heimatdorf, oder eine professionelle

Vortragsrede vor 125 Joghurt-Managern, heute ist Make-up ein Muss für mein Bühnenleben, wann immer ich vor einer Kamera stehe. Es sind die kleinen Dinge, die den großen Unterschied machen. Heute decke ich meine dunklen Augenringe ab und pudere mein Gesicht, sodass es nicht glänzt unter den grellen Strahlern.

Wenn du einen Vortrag vor einer Kamera hältst, sprichst du für die »Ewigkeit«. Frauen wissen das schon. Also, schluck deinen Stolz hinunter, handle wie ein Pro und, falls notwendig, verwende Make-up gegen dunkle Augenringe und glänzende Gesichter.

Die Arbeit fängt danach an

Wo immer du Vorträge hältst und Kameras involviert sind, sind die Chancen groß, dass du in deiner Bewegungsfreiheit auf der Bühne eingeschränkt bist. Wenn Redner bei TED auf dem berühmten runden roten Punkt stehen, können sie alle Kameras einfangen. Dass alle Redner auf dem Teppich bleiben, macht auch den Prozess der Nachbearbeitung einfacher.

Wenn wir schon von Nachbearbeitung sprechen, sei dir bewusst, dass große Videoreden fast immer das Ergebnis eines professionellen Nachbearbeitungsprozesses sind. Ein guter Video-Talk ohne Nachbearbeitung ist wie ein Hollywood Blockbuster ohne die Musik von Hans Zimmer.

Der Nachbearbeitungsprozess sollte dir auch Sicherheit geben, wenn du einer der Redner bist. TEDx-Coach Samuel Lagier sagt: »Viele TEDx-Redner spüren zusätzlichen Druck wegen der Kameras. Sie denken, dass die Aufnahme für immer in Stein gemeißelt ist. Doch das Video kann im Nachgang bearbeitet werden.«

JOHN

Ich bin Brillenträger, um Dinge in der Ferne sehen zu können. Wie … ein Publikum! Wenn ich jedoch Reden halte, trage ich für gewöhnlich keine Brille. Brillen können das Licht reflektieren und teilweise die Augen bedecken, was die Wirkung von Mimik und Gesichtsausdruck reduziert. Deshalb trage ich bei Vorträgen normalerweise Kontaktlinsen. Aber das führt zu einem anderen Problem. Nach einigen Stunden werden meine Augen oft rot und trocken. Kein schöner Anblick!

Ich war der letzte Redner beim TEDxLausanne Event in 2014. Es war ein langer und anstrengender Tag. Ich wusste, dass ich der letzte Redner war, also hatte ich die Absicht, erst kurz vor meinem Auftritt meine Kontaktlinsen einzusetzen,. Bevor der vorletzte Redner auf die Bühne ging, verließ ich den Saal.

Ich trage schon seit Jahren Kontaktlinsen, und normalerweise schnippe ich sie einfach rein und fertig. Als ich vor dem Spiegel stand, platzierte ich die erste Linse auf meinem linken Augapfel. Und dann schlug das Desaster zu. Die Linse rutschte nach oben und war weg! Und ich sollte gleich auf die Bühne und eine Rede vor 700 Leuten halten!

15 Minuten später. Dank Nonstopzwinkern, Augenmassage und Kochsalzlösung ins Auge spritzen konnte ich mich endlich von der Kontaktlinse befreien. Als ich die Bühne betrat, war mein linkes

Auge wund. In dem Vortrag zwinkerte ich viel mehr als sonst. Es war schrecklich!

Bald erhielt ich den ersten Entwurf des Videos. An einigen Stellen war das Zwinkern besonders schlimm. Doch das Nachbearbeitungsteam von TEDxLausanne machte einen super Job. Sie ersetzten diese Stellen einfach durch Weitwinkelaufnahmen oder Szenen mit Publikum. Dafür ist die Nachbearbeitung da.

Das Mikrofon

Ein Mikrofon ist wie ein Feuerlöscher. Du denkst nicht an ihn, bis du ihn benutzen musst. Und wenn du ihn benutzen musst, weißt du besser, wie er funktioniert.

Wie oft haben wir Redner erlebt, die nicht wussten, wie man das Mikrofon benutzt. Ein Mikrofon kann ein nützliches Werkzeug sein – oder der Albtraum des Redners. Mikrofone helfen dir, deine Stimme zu verstärken und deine Botschaft zu vermitteln. Aber wenn das Mikrofon nicht richtig funktioniert oder der Redner nicht damit umgehen kann, ist das Ergebnis ein frustriertes Publikum.

FLORIAN

2001 arbeitete ich für eine internationale Unternehmensberatung. Ich wurde eingeladen, auf einer firmeninternen Bankenkonferenz zu sprechen. Ich sollte ein webbasiertes Projektmanagement-Tool präsentieren, das ich entwickelt hatte. Mehr als 500 Kollegen und Kolleginnen saßen im Saal, inklusive unseres Topmanagements in der ersten Reihe.

Ich fühlte, wie meine Nerven gegen die Backsteinwände prallten.

Dann stellte mich der Moderator vor. Das kabellose Ansteckmikrofon angelegt, schritt ich aufgeregt zum Rednerpult. 30 Sekunden in der Präsentation … Endlich sehe ich das Meer von winkenden Händen im Publikum. Das Mikrofon war aus. Fail!

Lass deinen Vortrag nicht in Flammen aufgehen wegen des Mikrofons. Hier sind einige grundlegenden Prinzipien, die wir selbst befolgen und die dir helfen werden.

Mikrofon oder kein Mikrofon

Eine goldene Regel für Redner: Wenn du kein Mikrofon brauchst, verwende kein Mikrofon. Deine Stimme wird immer natürlicher klingen. Wenn du aber zu einer großen Zuhörerschaft (50 oder mehr) sprichst oder wenn du deine Rede in einem Raum mit vielen Nebengeräuschen hältst, benutze ein Mikrofon, wenn verfügbar. Einige Leute lehnen das Mikrofon in solchen Situationen ab. Sie beharren hartnäckig auf ihrem Standpunkt. Sie trauen sich zu, das auch ohne Mikrofon zu schaffen. Keine gute Idee. Oft überschätzen solche Redner sich und schreien am Ende. Oder sie belasten ihre Stimmbänder zu sehr. Und oft sind sie immer noch zu leise. In jedem Fall eine unerfreuliche Erfahrung für das Publikum.

Vergiss es nie: Das Mikrofon ist nicht für dich. Es ist für dein Publikum. Und wenn das Publikum es braucht, nutze es.

Test 1, 2, 3

Erinnerst du dich an deinen besten Freund? (Hinweis: Es ist der Techniker.) Egal, ob du ein erfahrener Profi bist oder ein Anfänger auf der Bühne, sei frühzeitig vor Ort und mache einen Soundcheck. Mikrofone können temperamentvoll sein. Und jedes scheint seine eigene Persönlichkeit zu haben. Wenn du früh da bist, kannst du sicherstellen, dass ihr euch aneinander gewöhnt.

Wenn ein Techniker da ist, frag ihn, ob das Mikrofon irgendwelche Marotten hat. Finde die optimale Position, überprüfe, ob die Batterie voll geladen ist, und frag nach, ob der Techniker den Ton regulieren wird. Falls nötig, während des Vortrags.

Teste das Mikrofon. Bitte jemanden, in den hinteren Teil des Raums zu gehen und Zeichen zu geben, wenn das Volumen gut ist. Diese Person sollte dir auch mitteilen, ob es irgendein Echo oder Hall gibt. Wenn du in einem großen Konferenzsaal sprichst, wirst du den Soundcheck in einem leeren Raum machen. Sei dir bewusst, dass es ein Unterschied ist, in großen leeren Räumen zu sprechen oder mit vielen Menschen im Saal. All diese Körper werden einen Teil deines Sounds absorbieren und es sollte weniger Echo geben.

Halte das Mikrofon fern von Lautsprechern in der Nähe der Bühne. Und bring dein Smartphone nicht mit auf die Bühne. Es kann zu Störungen führen. Überlass das Tweeten dem Publikum.

Zu guter Letzt: Hab auf dem Schirm, dass der Techniker dein Mikrofon normalerweise nach dem Test ausschaltet, um Batterie zu sparen. Sorge dafür, dass es wieder angeschaltet wird, bevor du auf die Bühne trittst.

Nicht zu nah, nicht zu weit

Bringe das Mikrofon in der korrekten Distanz zum Mund an. Wenn es zu weit weg ist, wird deine Stimme nicht durchdringen. Wenn es zu nahe ist, kann deine Stimme verzerrt klingen und du hast möglicherweise Probleme mit deinen Explosivlauten.

Explosivlaute sind Töne, die entstehen, wenn der von innen nach außen drängende Luftstrom dank Lippen, Zunge oder Kehle für einen Moment völlig gestoppt wird, bevor wir die Luft strömen lassen. Dabei entstehen winzige »Explosionen«, die von Buchstaben wie P, T und Z produziert werden.

Um besser zu verstehen, was wir meinen, sprich die folgenden Wörter laut und betont aus:

Papa	Tor	Zwei
Pferd	Tasche	Zug
Party	Tanzen	Zwischen

Hörst du, wie ersten Buchstaben »explodieren«? Wir versuchen nicht, dir eine Lektion in Diktion zu erteilen. Wir erwähnen diese speziellen Buchstaben, weil sie knallende Laute erzeugen können, wenn du das Mikrofon zu nahe am Mund hast. Und diese Laute stören dein Publikum.

Es gibt eine spezielle Vorrichtung mit dem Namen Pop-Filter, die solche Laute reduziert. Hast du schon einmal Videos von Sängern im Tonstudio gesehen? Dort verwenden sie fast immer einen Pop-Filter vor dem Mikrofon.

Wenn du zu einem Livepublikum sprichst, ist ein Pop-Filter nicht praktisch, weil er Teile deines Gesichts verdecken würde.

Für Präsentationen aber, die du via Computer vor einem verstreuten Publikum hältst, kann ein Pop-Filter sehr hilfreich sein. Weiter unten diskutieren wir diese Filter im Detail.

Viermal Mikro

Lass uns jetzt genauer die vier Typen von Mikrofonen betrachten, die Redner zur Auswahl haben. Wenn du in deiner nächsten Präsentation ein Mikrofon benutzen musst, grenzt es an absolute Sicherheit, dass es eine von diesen vier Optionen sein wird. Egal, welches es ist, folge unseren Ratschlägen. Wir haben spezifische Tipps für jede der vier Mikrofonarten.

Das montierte Mikrofon

Die Art von Mikrofon ist fest an einem Rednerpult angebracht oder steht mit einer festen Basis senkrecht auf dem Tisch. Es ist nicht dafür gedacht, bewegt zu werden. Wir beide sind fest davon überzeugt, dass du das Rednerpult immer links (oder rechts) liegen lassen und die Bühne nutzen solltest. Wenn das montierte Mikrofon am Rednerpult aber die einzige Option ist, dann musst du da auch stehen. Am Ende des Tages werden auch die besten Bühnenbewegungen nicht helfen, wenn dich dein Publikum nicht hören kann.

Wenn du diese Art von Mikrofon benutzen musst, kannst du die richtige Position wählen, indem du den »Hals« verstellst. Greif nicht nach dem Mikrofonkopf. Das ist die häufigste Ursache für Beschädigungen des Mikrofons. Stell sicher, dass es nicht dein Gesicht verdeckt.

Du willst das Mikrofon so einstellen, dass du gerade stehen kannst und dein Publikum anschauen kannst. Wenn das Mikro zu tief ist, wirst du dich nach unten beugen müssen. Das sieht nie gut aus. Es wird außerdem deinen Rücken und deine Schultern strapazieren und deine Kehle verengen. Dies wiederum hat Auswirkungen auf deine Stimme. Falls notwendig, platziere einen Schemel hinter dem Rednerpult, um sicherzustellen, dass das Mikrofon in der richtigen Höhe ist. Du wärst nicht der Einzige. Politiker nutzen Schemel in Fernsehdebatten, um auf gleicher Augenhöhe mit dem Kontrahenten zu sein. Erinnerst du dich an Gerhard Schröder, den früheren Bundeskanzler, und seine Debatten mit Edmund Stoiber im Jahr 2002?

Während du sprichst, halte mehr oder weniger die gleiche Distanz zwischen Mikrofon und Mund. Wenn du dich zur Seite drehst, um Leute in den Flanken des Raums zu adressieren, mache es auf eine Art, dass das Mikro noch deine Stimme aufgreifen kann.

Das Handmikrofon

Der Vorteil des Handmikrofons ist, dass du dich frei auf der Bühne bewegen kannst. Der Nachteil ist, dass du es immer festhalten musst und in deiner Gestik eingeschränkt bist. Manchmal gibt es ein Bodenstativ, an dem du es befestigen kannst. Es wird deine Hände befreien, aber du wirst dich nicht frei auf der Bühne bewegen können.

Heutzutage sind die meisten Handmikrofone kabellos. Falls du doch mal eines mit Kabel erwischst, stell sicher, dass es nicht verwickelt ist und dass es lang genug ist, um dich frei auf der Bühne bewegen zu können. Und bitte halte nicht das Kabel mit der anderen Hand fest. Du bist nicht Mick Jagger!

Wenn es ein kabelloses Handmikrofon ist, vergewissere dich, dass die Batterien voll geladen sind. Idealerweise liegt ein zweites, voll geladenes Handmikro in der Nähe, falls aus welchem Grund auch immer das erste schlappmacht. Es ist viel schneller (und weniger stressig), Mikros auf der Bühne zu tauschen als Batterien!

Es ist wichtig, dass du das Mikrofon korrekt hältst, wenn du sprichst. Halte es fest, aber zerquetsche es nicht! Es gibt keinen Grund dafür, niemand wird es dir wegnehmen. Die ideale Position für ein Handmikrofon sind 10 bis 15 Zentimeter vor deinem Kinn mit dem oberen Ende knapp unterhalb der Unterlippe. Deine Stimme sollte mehr über das Mikrofon hinweggleiten als hinein.

Gestik unterstützt die Macht deiner Worte. Aber wenn du ein Mikrofon in der Hand hältst, kannst du mit dieser Hand nicht gestikulieren. Leute, die nicht gewohnt sind, mit einem Mikrofon zu sprechen, vergessen diesen Punkt oft und gerne. Sie gestikulieren mit dem Mikro in der Hand, während die Stimme mal zu laut, mal zu leise ist. Bis irgendwann einer aus dem Publikum ruft: »Mikro! Mikro!«

Das Handmikrofon ist kein Dirigentenstab.

Das Lavalier-Mikrofon

Das Lavalier-Mikrofon ist auch bekannt unter den Namen Knopfloch- oder Ansteckmikrofon. »Lavalier« ist ein Anhänger an einer Halskette.

Das Mikrofon wird an der Kleidung des Redners in der Nähe des Mundes angebracht. Für Männer dienen gewöhnlich das Hemd, die Krawatte (die du idealerweise nicht länger trägst!) oder das Revers des Jacketts als Befestigungsort. Für Frauen die Bluse, das Kleid oder das Revers des Jacketts. Das Mikrofon ist über ein Kabel mit einem Transmitter verbunden, der ein Signal (und deine Stimme) an die Lautsprecher überträgt.

Der Transmitter sowie das Kabel sollten für das Publikum nicht sichtbar sein. Bei Männern wird der Transmitter normalerweise am Gürtel hinten am Rücken angebracht oder in einer Hosentasche verstaut. Das Kabel wird unter dem Hemd oder der Jacke verlegt.

Bei Frauen ist es etwas komplizierter. Viele Frauen halten Vorträge im Kleid. Ein Kleid ist für gewöhnlich passend und wirkt professionell. Das Problem ist die oft fehlende Befestigungsstelle für den Transmitter. Wir haben Techniker schon häufig mit Frauenkleidern kämpfen sehen.

Deshalb ist es bereits vor dem Tag der Präsentation wichtig zu wissen, welche Art von Mikrofon zum Einsatz kommt. Wenn du weißt, dass es ein Lavalier-Mikro ist, ziehe dich entsprechend an. Es wird dein Leben auf der Bühne einfacher machen.

Das Mikro selbst sollte circa zehn Zentimeter unterhalb des Mundes angebracht werden. Es gilt wieder: Sprich nicht in das Mikro, sondern darüber hinweg. Der Techniker kann dir beim Befestigen helfen. Stell sicher, das nichts versehentlich am Mikrofon reibt, während du redest, da dies ungewollte Geräusche verursachen würde.

Ein paar Bemerkungen zum Transmitter: Erstens: Kontrolliere, dass die Batterien voll geladen sind. Zweitens: Stimm dich mit dem Techniker ab, ob du den Transmitter manuell anschalten musst, bevor du auf die Bühne gehst. Zum Glück werden diese Geräte heutzutage oft aus der Distanz durch den Techniker gesteuert. So gibt es für dich nichts mehr zu tun, außer darauf zu achten, dass du nicht aus Versehen den An-und-Aus-Schalter berührst.

Das Kopfbügelmikrofon

Mit dem Kopfbügelmikrofon siehst du aus wie ein Callcentermitarbeiter. Wie das Lavalier-Mikro ist auch das Kopfbügelmikrofon per Kabel mit einem Transmitter verbunden. Es erlaubt dir, dich frei auf der Bühne und mit freien Händen zu bewegen.

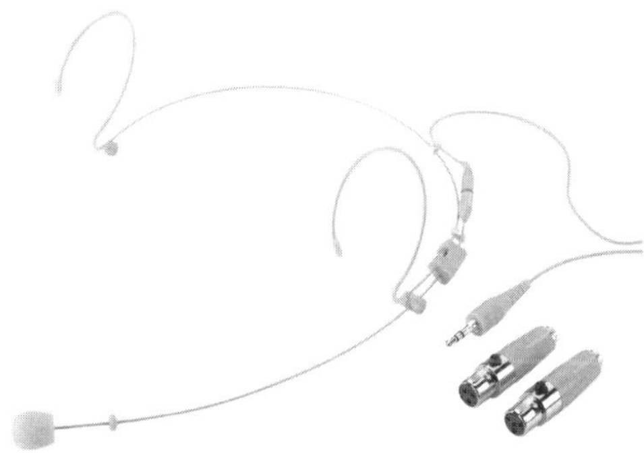

Quelle: monacor.com

Das Mikrofon sollte nicht zu nahe am Gesicht sein, weil es einen kratzenden Ton erzeugen kann, wenn es die Haut berührt. Es ist wichtig, die richtige Position zu finden, bevor du auf die Bühne trittst. Groß ist die Versuchung, das Mikrofon auf der Bühne nachzujustieren. Aber oft macht das den Ton nur schlimmer. Wir beide sprechen aus Erfahrung!

Nachdem wir mit allen vier Optionen auf mehreren Veranstaltungen gearbeitet haben, bevorzugen wir definitiv das Lavalier- oder das Kopfbügelmikrofon. Wir wollen uns auf der Bühne bewegen können. Wir wollen frei sein mit unseren Händen. Diese zwei Mikrofonarten ermöglichen das.

Aber wenn du ein Handmikrofon oder ein montiertes Mikro benutzen musst, verzweifle nicht. Wir müssen auch damit leben. Außerdem musst du als Redner immer mit dem gegebenen Veranstaltungsort und der verfügbaren Technik klarkommen. Ein Problem, das nicht gelöst werden kann, ist schon gelöst.

Sieben Performance-Booster

Du bist jetzt gut vorbereitet. Dein Inhalt überzeugt und du unterstützt ihn mit einprägsamen Slides und Gegenständen. Du kennst deine Bühne und die Technik funktioniert perfekt. Es ist Showtime! Mit sieben Performance-Boostern kannst du noch einen obendrauf setzen. Jetzt kommt der Turbolader für deinen TED-Effekt.

Grab dich in ihre Erinnerung ein

Ein *Soundbite* ist eine kurze prägnante Aussage, an die sich Leute gut erinnern und sogar zitieren können. Der richtige Soundbite kann eine Rede auf wenige Worte oder einen Satz reduzieren.

Hier sind einige berühmte Beispiele:

- John F. Kennedy: »Ich bin ein Berliner.« (1963)
- Martin Luther King jr.: »I have a dream.« (1963)
- Ronald Reagan: »Tear down this wall!« (1987)
- Barack Obama: »Yes, we can« (2008)

- Angela Merkel: »Wir schaffen das.« (2015)

Soundbites waren schon lange wichtig für traditionelle Medien wie Zeitungen oder Nachrichtensendungen im Fernsehen. Jetzt sind sie genauso wichtig für die sozialen Medien, besonders für Plattformen wie Twitter mit seinen Kurznachrichten mit weniger als 140 Zeichen.

FLORIAN

2013 coachte ich zwei internationale Aktivistinnen im Gesundheitssektor für ihre Vorträge bei einem TEDxBarcelona-Event. Die Veranstaltung widmete sich ausschließlich Gesundheitsthemen. In beiden Fällen erarbeitete ich mit den Rednerinnen einen Soundbite, an den sich das Publikum erinnern würde.

Die erste Rednerin war eine Amerikanerin indischer Herkunft in ihren frühen Dreißigern. Sie kämpfte damals als globale Aktivistin gegen Aids. Sie war eloquent, scharfzüngig und ich wusste, ihre Botschaft würde beim Publikum ankommen.

An einer Stelle in ihrer Rede sagte sie, dass der Kampf gegen Aids lokale Lösungen erfordere, nicht globale. Lokal versus global? Das war der Moment, als es in meinem Soundbite-Hirn klick machte. Wenn du jetzt ihren TEDx-Talk (bit.ly/2i9Jqzd) anschaust, sagt sie: »Wir brauchen Paella-Programme, nicht McDonald's-Programme.« McDonald's und Paella bleiben besser hängen als abstrakte Begriffe wie »global« oder »lokal«. Sie graben sich in die Erinnerung des Publikums ein.

Die zweite Rednerin war eine Deutsche aus der Berliner Start-up-Szene. Ihr TEDx-Talk (bit.ly/2hpnWwE) handelte von der sich verändernden Beziehung zwischen Doktor und Patient. Sie präsentierte ihre Vision mit Leidenschaft und Enthusiasmus.

Um die Wichtigkeit dieser neuen Art von Beziehung zu verdeutlichen, erarbeiteten wir zusammen eine Metapher: Die zukünftige Beziehung zwischen Doktor und Patient ist wie die Beziehung zwischen Sherlock Holmes und John H. Watson. Sie war begeistert von der Idee und liebte die Ironie, dass Dr. Watson der Patient sein würde.

Fällt dir bei den beiden Soundbite-Beispielen etwas auf? Siehst du, was sie gemeinsam haben? (Nein, Holmes und Watson wollten nicht Paella essen. In den Geschichten von Arthur Conan Doyle kommen für gewöhnlich Sandwiches und Bier auf den Tisch.) Beide Soundbites sind Metaphern.

Wenn du deine Soundbites noch mehr würzen willst, verwende Metaphern. Aristoteles sagte: »Das mit Abstand Großartigste ist es, die Metapher gemeistert zu haben.«

Eine Metapher vergleicht zwei Dinge, indem sie eine Sache für eine andere setzt. Und sie fügt Pathos zu deiner Rede hinzu. Martin Luther King jr. war ein Meister der Metapher. »Jetzt ist die Zeit, unsere Nation aus dem Treibsand der Rassenungerechtigkeit zum soliden Fels der Brüderlichkeit emporzuheben.« Wie kann dich das nicht berühren?

TED-Kurator Chris Anderson betont, dass Metaphern dir helfen können, deine Idee auf Konzepten aufzubauen, die dein Publikum versteht. Halte Ausschau nach metaphorischen Soundbites für einen größeren TED-Effekt!

Hier eine Übung für dich. Denke über deinen Job nach. Denke über ein Produkt oder einen Service nach, das oder den du anbietest. Jetzt überlege dir drei Metaphern für dieses Produkt oder diesen Service, die jedem unmittelbar verdeutlichen, was du beruflich machst:

- ______________________________
- ______________________________
- ______________________________

Sogar die Götter lieben Witze

Der griechische Philosoph Platon war überzeugt: »Sogar die Götter lieben Witze.« Egal ob mit Livepublikum oder als Videorede auf YouTube oder Facebook, dein Vortrag wird von gutem Humor profitieren.

Humor ist positive Energie, Humor ist Charisma, Humor ist Pathos. Wir haben auch gelernt, dass Humor ein toller Eisbrecher ist. John Cleese, Mitglied der berühmten englischen Comedy-Gruppe *Monty Python,* meinte einmal:

> »Lachen verbindet dich mit Menschen. Es ist fast unmöglich, irgendeine Art von Distanz zu wahren oder jeglichen Sinn von sozialer Hierarchie, wenn du vor lauter Lachen zu heulen anfängst. Lachen ist eine Kraft für Demokratie.«

Bist du ein Witzeerzähler? Oder vergisst du alle guten Witze, die du hörst, wie so viele Menschen? Kein Problem. Während Witze gut dafür geeignet sind, eine Dinnerparty aufzulockern, vermeiden wir als professionelle Redner normalerweise Witze.

Quelle: Brooker Cagle, unsplash.com

Stattdessen verwenden wir Humormuster, um unser Publikum zum Lachen zu bringen. Wann immer ein Publikum lacht, versteckt sich ein Muster dahinter. Humor hat selten etwas mit bloßem Zufall zu tun. Er schlägt mit mathematischer Präzision zu.

Zu schwierig? Nein. Du kannst dein Publikum zum Lachen bringen, wenn du die richtigen Knöpfe drückst. Wir empfehlen dir drei Humormuster für deine visuellen Präsentationen: Übertreibung, Selbstironie und das Unerwartete sagen.

Übertreibung – Blas die Realität auf!

Mach die Realität absurd größer, als sie ist, und du erntest einen guten Lacher. Das rhetorische Mittel dahinter heißt *Hyperbel.*

Im Juni 2016 verlor die Welt eine Legende, als Muhammad Ali im Alter von 74 Jahren von uns ging. Er war ein fantastischer Boxer und eine mächtige Stimme für soziale Gerechtigkeit. Er inspirierte Generationen von schwarzen Amerikanern inklusive Martin Luther King jr., weil er beim Thema Rassismus mit seiner Meinung nicht hinterm Berg hielt. Außerdem war er ein rhetorisches Genie.

Was sein Public Speaking anging, war Ali schlicht überwältigend. Er war forsch, er war freimütig, er verfügte über ein unerschütterliches Selbstvertrauen. »Ich bin der Größte«, sagte er von sich selbst – ein legendärer Satz, den auch Nicht-Boxfans kennen. Gleichzeitig besaß Ali einen wundervollen Sinn für Humor und einen poetischen Touch, der ihn für Millionen so liebenswert machte.

Ali war ein Meister der Übertreibung. Hier sind zwei klassische Beispiele:

> »Ich habe mit einem Alligatoren gerungen, ich habe mit einem Wal gerauft, einen Blitz gefesselt, den Donner ins Gefängnis geworfen. Erst letzte Woche habe ich einen Felsen umgebracht, einen Stein verletzt, einen Ziegel ins Krankenhaus gebracht. Ich bin so gemein, ich mache Medizin krank.«

Und ...

> »Ich bin so schnell – als ich letzte Nacht im Hotelzimmer das Licht ausgeschaltet habe, lag ich im Bett, bevor es dunkel war.«

Wie verwendest du Übertreibung in einer businessrelevanten Präsentation? Es ist leichter, als du vielleicht denkst.

- Kunden rannten wie eine Büffelherde in Panik, um unsere Produkte zu kaufen.
- Unsere Standardarbeitsanweisungen sind dicker als *Krieg und Frieden.*
- Mona Lisa lächelt mehr als der neue Vertriebsdirektor unseres Kunden.

Selbstironie – Lache über dich selbst!

Wenn du über dich selber lachst, schlägst du zwei Fliegen mit einer Klappe: Du erntest einen Lacher und du wirkst sympathischer. Selbstironie und Arroganz sind wie die Farben Rot und Schwarz auf einem Roulettetisch – du kannst nicht beide haben.

In seinem TED-Talk, den wir oben bereits erwähnt haben, verwendet Ken Robinson durchgängig Humor, besonders das Muster der Selbstironie.

Robinson ist ein Bildungsexperte. In der ersten Minute macht er sich mächtig über seinen eigenen Berufsstand lustig.

> »Wenn du auf einer Dinnerparty bist und sagst, dass du im Bildungswesen arbeitest – eigentlich bist du nicht oft auf Dinnerparties, ehrlich gesagt. [Lacher] Wenn du im Bil-

> dungswesen arbeitest, fragt man dich gar nicht. [Lacher] Und kurioserweise wirst du nie noch einmal eingeladen. [Lacher] Das finde ich seltsam …
>
> Aber falls du doch eingeladen wirst und du sagst zu jemanden, du weißt schon, sie fragen: ›Was machst du beruflich?‹, und du antwortest, du arbeitest im Bildungswesen, kannst du sehen, wie das Blut aus ihrem Gesicht verschwindet. Sie denken: ›Oh mein Gott‹, weißt du, ›warum ich? [Lacher] Mein einziger Abend in der ganzen Woche.‹ [Lacher]«

Vier Lacher in weniger als 30 Sekunden!

Oder nimm Bono, den Sänger der irischen Rockband U2. Wegen seiner starken Persönlichkeit halten ihn einige Menschen für arrogant. In seinem 2013er TED-Talk *The Good News on Poverty (Yes, there's good news)* (bit.ly/1Oetvdv) sagt er: »Der innere Streber in mir«. Ein gelungener Ausdruck, weil das keiner im Publikum von einem solchen Rockstar erwarten würde. Das Publikum lacht, Bono hat das Eis gebrochen.

Um über dich selbst lachen zu können, musst du dich erst selber kennen. Nimm dir einen Moment Zeit und reflektiere über die folgenden Fragen:

- Wie groß bist du?
- Hast du besondere Unterscheidungsmerkmale?
- Sprichst du mit einem starken Akzent oder Dialekt?
- Wie ziehst du dich an?
- Wo kommst du her?
- Welche Bedeutung hat dein Name?
- Hast du ungewöhnliche Angewohnheiten?
- Hast du seltsame Hobbys?
- Sammelst du Kuckucksuhren, Bierkrüge oder Plastikenten?

Wenn du Charakteristiken in dir selbst erkennst, die andere als Schwäche betrachten könnten, bist du im Wunderland der Selbstironie.

Sag das Unerwartete – Sie werden es nicht kommen sehen!

Dieses Muster verwenden die meisten Witze, um Leute zum Lachen zu bringen. Der Redner baut eine Erwartungshaltung im Publikum auf. Dann, anstatt das Erwartete zu sagen, sagt er das Unerwartete. Im Humor nennen wir das die *Punchline* oder Pointe.

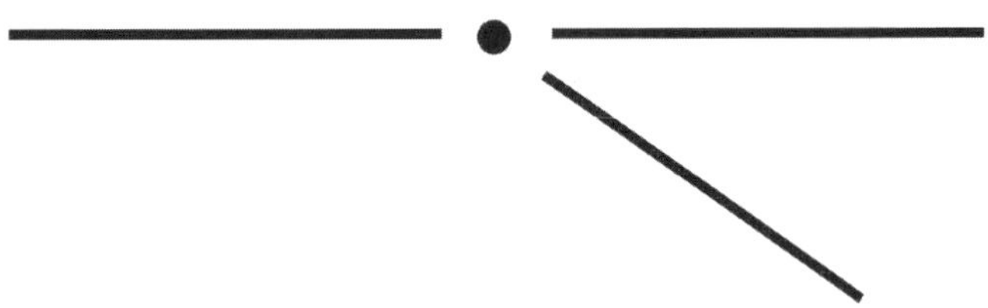

Hier sind zwei wunderbare Beispiele von zwei großen amerikanischen Comedians:

Rodney Dangerfield:

> »Meine Frau und ich waren 20 Jahre lang glücklich. Dann haben wir uns getroffen.«

Dangerfield verlässt den erwarteten Pfad. Wir denken, er wird über Trennung sprechen, aber nein! Stattdessen redet er vom Zusammenkommen.

Groucho Marx:

> »Ich finde Fernsehen sehr lehrreich. Jedes Mal, wenn ihn jemand anschaltet, gehe ich ins andere Zimmer und lese ein Buch.«

Wir denken, dass Marx über sein Interesse an Fernsehen reden wird, aber nein! Er mag es überhaupt nicht.

Siehst du das Muster?

JOHN

In meiner Zeit bei den Vereinten Nationen reiste ich oft geschäftlich in den Mittleren Osten. Einmal führte ich eine Delegation von 21 Anwälten und Wissenschaftlern nach Iran. Als Kopf der Delegation musste ich zur Eröffnung der ersten Plenarsitzung eine Rede halten.

Wenn ich in anderen Ländern Vorträge halte, sage ich zu Beginn gerne einige Sätze in der lokalen Sprache. Es kommt unerwartet und wird immer geschätzt.

Ich übte sechs oder sieben Sätze in Farsi mit einem iranischen Kollegen. Er meinte zu mir: »Deine Aussprache ist sehr gut, aber dein Akzent klingt, als wärst du aus Afghanistan.«

Am großen Tag in Teheran waren 89 offizielle Regierungsvertreter anwesend. Ich ließ mich am Kopf des Tisches nieder. Hinter mir hing ein riesiges Porträt des Ajatollah Chomeini. Es war wie in einem Film!

Ich begann meine Rede mit meinen Bemerkungen in Farsi und wurde mit großem Applaus belohnt. Ich dachte darüber nach, was mein Kollege mir gesagt hatte. Sollte ich es erwähnen? Würde es angemessen sein? Dies ist ein wichtiges Meeting, würde Humor hier passen?

Als der Applaus abebbte, fuhr ich (auf Englisch) fort: »Ich bin froh, dass Sie mich verstehen konnten. Mein iranischer Kollege in Genf meinte, ich würde Farsi mit einem afghanischen Akzent sprechen.«

Der Raum explodierte vor Lachen! Und mit diesem Lachen löste sich die Spannung im Raum. Wir konnten uns jetzt in einem entspannten Ambiente der Tagesordung widmen.

FLORIAN

John und ich lieben es, auf unseren Blogs Reden zu analysieren. Einer der TED-Talks, die ich analysiert habe, ist besagter Vortrag von Bono. Es gibt eine wichtige Lektion in diesem Talk: Das Unerwartete muss auch wirklich unerwartet sein. Wenn ein

Publikum vorausahnen kann, was kommen wird, lacht es nicht. Bei Minute 1:36 sagt Bono:

> **»Ein anderes Volk verbreitet die gleiche Idee von Gleichheit mit einem anderen Buch (*book*). Diesmal heißt es … Facebook.«**

Du kannst es in seinem Gesicht lesen. Er erwartet einen Lacher. Aber er starrt in eiskaltes Schweigen. Facebook kam nicht unerwartet.

Um dir zu helfen, unerwartete Dinge zu sagen, haben wir in unserer rhetorischen Werkzeugkiste ein mächtiges Werkzeug für dich: das *Trikolon*. Ein Trikolon ist eine Serie von Worten, Ausdrücken oder Sätzen, die parallel sind in Struktur, Länge und/oder Rhythmus. Es gibt zahlreiche Beispiele aus der Geschichte:

- Julius Cäsar: »Ich kam, ich sah, ich siegte.«
- Die französische Revolution: »Liberté, égalité, fraternité«
- Moderne Kultur: »Sex, Drugs and RocknRoll«

Das Trikolon ist wie gemacht für Humor. Die ersten zwei Elemente lassen das Publikum denken, dass du in eine bestimmte Richtung gehst – und zack! Das dritte Element folgt einem unerwarteten Pfad. Denk nur an die Witze, die so anfangen: »Drei ____ treffen sich in einer Bar.«

Oder wie wäre es mit einem Ratschlag für Public Speaking des amerikanischen Präsidenten Franklin D. Roosevelt: »Be sincere, be brief, be seated.«

Es gibt keine goldene Regel dafür, wie oft ein Publikum in einem Vortrag lachen sollte, aber wir haben noch nie von einer Rede gehört, die *zu* lustig war. Natürlich muss der Humor angemessen sein. Wenn du schlechte Nachrichten übermittelst, ist es keine gute Idee, einen Lacher pro Minute haben zu wollen.

Aber die meisten Reden, auch Businesspräsentationen, bieten Möglichkeiten für Humor. Und wäre es nicht schön, auch ein bisschen Humor in den Standardpräsentationen zu sehen? Du würdest endlich mal zuhören. Für uns ist ein Vortrag ohne Humor wie Oktoberfest ohne Bier.

Es geht nicht darum, zum Stand-up-Comedian zu werden oder nur noch Unterhaltung ohne Substanz zu liefern. Es geht vielmehr darum, den Humor zu finden, der in fast jeder Situation bereits da ist.

Es kam aus dem Nichts

Hast du schon mal einen Film von Quentin Tarantino gesehen? *Pulp Fiction* oder *Kill Bill* oder *Django Unchained*? Vielleicht bist du nicht einverstanden mit Tarantinos großzügigem Gebrauch von Gewalt. Aber es ist schwierig, sein Talent zu verneinen, dich von der ersten Szene des Films bis zum Abspann zu fesseln. Ein Grund dafür sind seine nicht linearen Handlungsstränge voller plötzlicher und unerwarteter Wendungen.

Ob in einem Film oder in einer Rede, eine Wendung (oder ein Twist) ist ein plötzlicher Richtungswechsel in der Handlung. Wie im gerade vorgestellten unerwarteten Humormuster kommt eine Wendung überraschend. Doch während das unerwartete Humormuster eine Überraschung ist, weil es von etwas abweicht, was das Publikum erwartet, kommt die Wendung aus dem Nichts.

Zuhörerschaften lieben Überraschungen. Dr. Wolfram Schultz, Professor für Neurobiologie an der Universität Cambridge, hat herausgefunden, dass Überraschungen unsere Emotionen bis zu 400 Prozent intensivieren!

Halte deshalb in deinen Vorträgen Ausschau nach möglichen emotionalen Wendungen. Offline oder online – eine Rede, welche das Publikum mitnimmt auf eine emotionale Achterbahnfahrt, hat eine größere Chance, es zu fesseln und langfristig zu wirken.

Stell dir vor, du sprichst, als Teil eines Vortrags, über ein Familienwochenende:

> »Es war ein heller, sonniger Tag im eisigen Monat November. Wir alle waren im Landhaus meiner Mutter zusammengekommen. Ich kann noch heute den Truthahn im Ofen riechen. Wir waren damit beschäftigt, die Horden der kreischenden und quietschenden Enkelkinder zu zähmen. Mein Bruder Frank erzählte mir die alten Storys aus deiner Kanzlei. Geschichten, die ich schon tausendmal gehört hatte. Plötzlich klingelte das Telefon. Meine Mutter hob ab. Sie erstarrte. Sie erstarrte für lange zehn Sekunden.«

Je stärker der Twist, desto größer die emotionale Wirkung. Je größer die emotionale Wirkung, desto mehr Verbindung mit dem Publikum.

Eine Wendung kann insbesondere von Nutzen sein, wenn du eine neue Erkenntnis, Entdeckung oder Idee vorstellst.

Wenn du einen Krimi liest, beginnst du mit der letzten Seite, um herauszufinden, wer der Mörder war? Die meisten Leute wollen auf eine Reise der Spannung und der Überraschung gehen. Wenn du eine neue Idee präsentierst, eine neue Art, die Dinge zu sehen, willst du deinen Vortrag dramaturgisch aufbauen. Stelle die Weichen mit notwendigen Hintergrundinformationen, rede über Fehler in der Vergangenheit und dann gib ihnen einen Klaps auf den Kopf mit deiner neuen Erkenntnis. So wie der Apfel auf den Kopf von Sir Isaac Newton gefallen ist und ihm eine neue Erkenntnis über die Gravitation geschenkt hat.

Wenn wir schon von Äpfeln reden … Mark Hunter aus Australien ist ein guter Freund von uns. Mark hat einen durchdringenden Blick, eine von Weisheit zeugende Radiostimme und einen sehr hellen Kopf. Als junger Mann erlitt Mark einen Wasserskiunfall, eine »einzigartige Begegnung mit einer Sandbank«, wie er es umschreibt. Aber der Umstand, dass er jetzt in einem Rollstuhl durchs Leben rast, konnte ihn nicht davon abhalten, Schuldirektor zu werden oder die 2009 Toastmasters Weltmeisterschaft in Public Speaking zu gewinnen mit seiner Rede *A Sink Full of Green Tomatoes* (bit.ly/2i2hIDM).

Mark ist wie eine liebevolle Version von Gandalf. Obwohl er in vieler Hinsicht ein Held ist, ist er auch ein vertrauenswürdiger Mentor für viele. Wir nahmen an einem von Marks Workshops teil, als er Polen besuchte. In seinem Workshop analysierte Mark seine Weltmeisterschaftsrede.

Der Cocktail einer großen Rede hat viele Zutaten: Bedeutungsvoller Inhalt, eine einzigartige Botschaft, Humor, Verletzlichkeit. Für uns war die Klimax in Marks Rede ein Moment des plötzlichen Bewusstseins, eine neue Sichtweise, eine Wendung. Es war einer dieser Gänsehautmomente, auf die Hollywood-Regisseure so erpicht sind. Aber diese Filme stützen sich stark auf melodramatische, orchestrale Musik. Keine Musik in Marks Rede. Nur wundervolle Worte der Weisheit.

In seiner Rede hadert Mark mit seinem Schicksal, auf Rädern durchs Leben zu »gehen«. An einem Punkt erzählt Mark von einem Nachmittagsplausch mit seiner Großmutter in ihrer Küche. Das Spülbecken war mit Wasser gefüllt und darin schwammen ein Dutzend grüner Tomaten und ein einziger roter Apfel.

Mark suchte Inspiration im Spülbecken. Sollte er sein wie jeder andere, sein Schicksal akzeptieren und sich einfügen? Oder wollte er einzigartig sein, speziell und herausstechen trotz seiner Behinderung? Wollte er eine der grünen Tomaten sein oder der eine glänzende rote Apfel?

Anagnorisis ist ein wichtiger Moment der Erkenntnis oder Entdeckung. Es ist ein griechisches Wort und bedeutet »Erkennen«. Hast du jemals ein Buch gelesen oder einen Film geschaut, in dem der Protagonist an einem bestimmten Punkt eine Entdeckung macht oder eine Erkenntnis hat, die alles verändert? Das ist eine Anagnorisis – das plötzliche neue Bewusstsein oder eine Entdeckung des Helden, welche die Art und Weise ändert, wie er die Welt sieht.

Wir sind überzeugt, dass einer der Gründe, warum Mark die Weltmeisterschaft 2009 gewonnen hat, in der Anagnorisis liegt, die er als Teil des Dialogs mit seiner Großmutter in die Rede eingebaut hat.

Während er die im Spülbecken schwimmenden grünen Tomaten und den roten Apfel betrachtete, meinte Mark zu seiner Oma: »›Nana‹, sagte ich. Sie stoppte, drehte sich um, hielt inne. ›Nana, ich will … Ich will so sehr … das Wasser sein.‹«

»Das Wasser« war eine gigantische Wendung, eine neue Sichtweise. Mark wollte die Welt umarmen, nicht bekämpfen. Was ist dein »Wasser«, wenn du deine Ideen deinem Publikum, der Kamera, der Welt präsentierst?

Wenn du deine visuellen Präsentationen vorbereitest, kannst du auch Anagnorisis einbauen. Anagnorisis ist ein perfekter Moment den Kern deiner neuen Idee zu erklären. Typische Einleitungssätze sind:

- »Dann eines Tages schaute ich in den Spiegel und dachte: ›Wer ist dieser Typ?‹«
- »An diesem normalen Sonntag morgen, inmitten des Regens, änderte sich etwas …«
- »In diesem Moment wusste ich, wie falsch wir gelegen hatten.«
- »Aber dann dachte ich: ›Warum nicht einfach anders machen?‹«
- »Plötzlich sah ich das fehlende Puzzleteil.«

Du kannst emotionale Wendungen in deinen Vortrag integrieren oder Wendungen, die zu neuen Erkenntnissen führen. In beiden Fällen wird dein Publikum genauso begeistert sein wie die Zuschauer in den Kinosälen bei den Filmen von Quentin Tarantino. (Nur sei nicht so gewaltsam.)

Mach dich nackt

Nachdem wir mehr als 10.000 Reden untersucht und ausgewertet haben, sind wir überzeugt: Authentizität ist die wichtigste Qualität eines Redners. Was ist der größte Treiber von Authentizität? Für uns ist es Verletzlichkeit. Wenn du dich verletzlich zeigst, wenn du bereit bist, über deine Unvollkommenheiten zu sprechen, machst du dich nackt vor deinem Publikum. Und genau das ist der magischste Moment der Authentizität.

- »Ich habe einen großen Fehler begangen.«
- »Wenn ich heute zurückblicke, ist da etwas, was ich bereue.«
- »An diesem Tag lernte ich eine große Lektion.«
- »Ich hätte mehr Zeit mit ___________ verbringen sollen.«

Solche Aussagen schaffen Verbindung zum Publikum. Solche Sätze sind rhetorisches Gold.

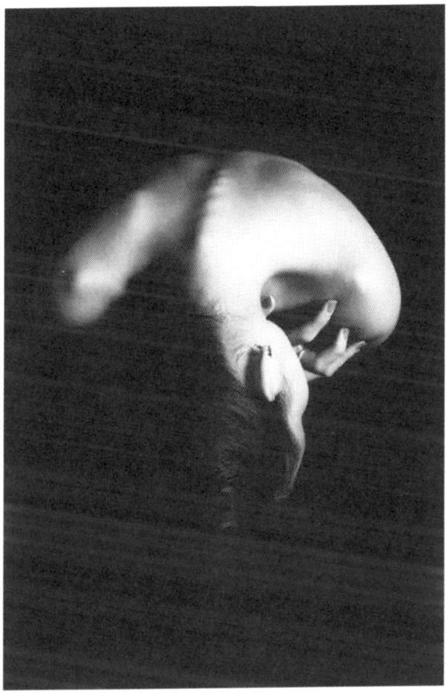

Quelle: Jairo Alzate, unsplash.com

FLORIAN
Ich habe noch nie jemanden in einer Rede versagen sehen, weil er sich verletzlich gezeigt hat. Leute zeigen sich nicht verletzlich, weil sie Angst vor einer negativen Reaktion haben. Und das ist ein großes Paradoxon unserer interpersonellen Kommunikation. In meinen Seminaren ist die Reaktion des Publikums immer positiv. Eine Teilnehmerin sagte mir mal: »Florian, Emotionen können nie falsch sein.«

Noch nicht überzeugt? Nun ja, wir sind nicht die Einzigen, die an die Macht der Verletzlichkeit glauben.

Tim Ferriss, Autor des Bestsellers *Die 4-Stunden-Woche*, betreibt einen Podcast namens *The Tim Ferriss Show*. Er interviewt Leute mit verschiedenen professionellen Hintergründen und Fachwissen, um Erfolgsgeheimnisse aufzudecken.

So führte er auch ein Gespräch mit Brené Brown, Professorin an der University of Houston. Brown hat die Themen Verletzlichkeit und Mut ausführlich erforscht. Ihr 2010er TEDxHouston Talk *The power of vulnerability* (bit.ly/1lJtLD1) ist einer der meistgesehenen TED-Talks. Siehst du, Verletzlichkeit trägt zum TED-Effekt bei!

In dem Gespräch sagt Brown, wir müssten uns in die Unbequemlichkeit hinüberlehnen, weil viele der Probleme, denen wir heute begegnen, nicht auf eine bequeme Art gelöst werden könnten.

> »Du musst wählen. Bequemlichkeit oder Mut. Du kannst nicht beide haben. … Gib Verletzlichkeit eine Chance. Gib der Unbequemlichkeit ihren Anteil. Wer für das Unbequemste bereit ist, ist nicht nur der Mutigste, sondern wächst auch am schnellsten.«

Der amerikanische Autor und Unternehmer Seth Godin schreibt, wenn Leute denken, sie würden einen Narren aus sich machen, dass sie dann in den meisten Fällen »Menschen aus sich machen«.

> »Wenn du deinen Schutzschild fallen lässt, auf Transparenz setzt und eine ehrliche Verbindung mit jemandem eingehst, bist du am Rand der Dummheit, was ein anderes Wort für ›Nicht-Business‹, ›nicht abgehoben‹, ›nicht sicher‹ ist. Ein anderes Wort für ›menschlich‹.«

> »In den meisten Fällen überzeugen wir uns selbst, keinen Narren aus uns zu machen, und stattdessen legen wir eine Verbindung still, die für uns und für sie hätte kostbar werden können.«

Jedes Mal, wenn du vor Menschen sprichst, führst du ein Gespräch mit ihnen (auch wenn sie nicht antworten). Erinnere dich an die Ratschläge von Brené Brown und Seth Godin, wenn du deinen nächsten Vortrag hältst.

Hier eine Übung für dich.

Denke über dein eigenes Leben nach und schreibe einen oder zwei Sätze zu jedem der folgenden vier Punkte:

- Scheitern im Job.
- Ein großer Fehler.
- Ein Moment der Angst.
- Ein Moment, in dem ich jemanden enttäuscht habe.

Für jede dieser Erfahrungen: Reflektiere über die Lektion, die du daraus gelernt hast, und wie diese Lektion für andere wertvoll sein könnte. Schreibe die Lektionen auf.

Das Schweigegelübde

Ein Patient mit Nulllinie ist tot. Deine Stimme mit Nulllinie – und du bist tot als Redner.

Eine Nulllinienstimme in einer Livepräsentation ist schrecklich, doch zumindest ist dein Publikum teilweise angeregt. Aber eine Videorede auf YouTube oder Facebook? Wir würden schneller weiterklicken, als Donald Trump um drei Uhr nachts einen Tweet abschicken kann! Nur Optimisten oder Masochisten halten eine langweilige Videorede länger aus als ein Paar Sekunden.

Wenn wir Nulllinienstimmen bei unseren Kunden hören, greifen wir zum rhetorischen Defibrillator. Wir weigern uns, sie sterben zu lassen. Wir bringen sie dazu, so zu reden wie im echten Leben. Im echten Leben sprichst du mal laut, mal leise. Du sprichst schnell und langsam. Deine Stimme folgt keiner Nulllinie. Sie steigt, sie fällt, sie dreht sich und wendet sich wie eine Achterbahn.

Wir vertiefen das Thema Stimme in Teil IV des Buchs, wenn wir über Video-Talks sprechen. Doch es gibt einen Aspekt deiner Stimme, den wir gerne jetzt diskutieren möchten. Wenn du ihn meisterst, wirst du deiner Redekunst einen gewaltigen Push geben. Zu wenige Menschen tun es, und die Ironie ist, dass du nichts sagen musst. Wir reden von der … Pause.

Viele Leute denken, dass es extem schwierig ist, während eines Vortrags Pausen zu machen. Sie fühlen sich unwohl, einen Raum voller Blicke vor sich zu haben und nichts zu sagen. Das Publikum könnte denken, die hätten vergessen, was sie sagen wollten. Davor haben manche Angst. Aber diese Angst ist nicht berechtigt.

Formel-1-Weltmeister Sebastian Vettel hat recht, wenn er sagt: »Manchmal musst du Pause drücken, um alles einsinken zu lassen.« (Ist es nicht Ironie, dass einer die Macht der Pause versteht, der normalerweise bei mehr als 300 Stundenkilometern arbeitet?)

Dein Publikum braucht Zeit, um darüber nachzudenken, was du gerade gesagt hast. Eine Pause gibt ihm diese Zeit. Aber das ist nur einer der Vorteile. Es gibt noch vier weitere.

Erstens: Pausen verleihen dir Haltung als Redner. Sie vermitteln Ruhe und Gelassenheit. Der Redner will die Bühne nicht so schnell wie möglich verlassen. Nein, er ist glücklich, da zu sein und Zeit mit seinem Publikum zu verbringen. Mit jeder Pause gewinnt der Redner an Ethos.

Zweitens: Eine Pause vor einem wichtigen Punkt verleiht diesem Punkt mehr Gewicht, weil sie die Erwartungshaltung des Publikums positiv beeinflusst.

Stell dir vor, die CEO eines Unternehmens spricht auf einer Konferenz darüber, wie das Management die Firma wieder auf Vordermann gebracht hat. Sie blickt ins Publikum und sagt:

> »Dann unternahmen wir den größten Schritt in unserer Unternehmensgeschichte … Gleichberechtigung.«

Drittens sind Pausen ein wesentlicher Bestandteil des unerwarteten Humormusters. Deine Pause fördert die Erwartungshaltung der Zuhörer, bevor du sie in eine unerwartete Richtung schickst. Je unerwarteter, desto größer die Pointe. Keine Pause, weniger Pointe. Und wenn du eine Pointe setzt, mach auch danach, während des Lachers, eine Pause.

Viele Anfänger auf der Bühne fangen schon an zu reden, während das Publikum noch am Lachen ist. Sie treten auf den Lacher und schneiden ihn somit ab. Das ist nicht gut, und zwar aus zwei Gründen. Zum einen werden sie nicht hören, was du sagst, während sie noch lachen. Zum anderen werden sie vermutlich zurückhaltender sein mit ihrem Lachen, wenn du das nächste Mal etwas Komisches sagst. Weil du sie ja nicht lachen lässt. Lass das Lachen rollen und mach erst weiter, wenn es fast abgeklungen ist.

Viertens: Pausen brechen die Monotonie im Rhythmus deiner Rede. Popmusik verwendet instrumentale *Breaks*, um die sich wiederholenden Verse und Refrains zu unterbrechen. Monotonie ist langweilig, Breaks halten die Spannung am Leben. Bei Public Speaking ist dieser musikalische Break deine Pause.

Alles, was wir dir gerade über Pausen erzählt haben, mag einleuchtend sein. Aber sind wir doch ehrlich, du sitzt in einem bequemen Stuhl und liest dieses Buch. Vielleicht steht eine Kaffeetasse neben dir auf dem Tisch oder ein Glas Rotwein, aber du bist entspannt. Eine Drei-Sekunden-Pause ist kein Problem! Aber es herrschen ganz andere Regeln, wenn du auf der Bühne stehst.

Lampenfieber. Es schlägt nur zu, wenn Showtime ist. 400 Augenpaare starren dich an. Dein Herz klopft im Hals, dein Mund ist trocken wie die Wüste, deine Handflächen fühlen sich an, als wärst du gerade aus der Sauna gekommen. Einer kalten Sauna!

Wenn es Showtime ist, fühlt sich eine Drei-Sekunden-Pause an wie eine Ewigkeit. Aber es sind immer noch nur drei Sekunden. Du musst dir dessen als Redner bewusst werden!

Arbeite an deinen Pausen. Halte Ausschau nach Schlüsselmomenten in deiner Rede, in denen eine Pause den Unterschied machen würde zwischen fad und fantastisch. Übe diese Pausen. Nimm dich selber mit deinem Smartphone auf und zähle die Sekunden.

Lege ein Schweigegelübde ab und zwinge dich dazu, dramatische … Pausen … zu machen.

Sesam, öffne dich!

»Sesam, öffne dich!« Mit diesem magischen Satz konnte Ali Baba das Felsentor zur Schatzkammer in der Geschichte *Ali Baba und die 40 Räuber* öffnen.

Du kannst ebenfalls einen versteckten Schatz auf der Bühne heben, wenn du dich vor deinem Publikum öffnest. Wenn du eine offene Körperhaltung auf der Bühne hast, wenn du deine Arme nicht verschränkst, deine Hände nicht zusammenklebst, dann baust du mehr Beziehung zum Publikum auf.

Warum halten so viele Redner ihre Hände zusammen? Weil sie nicht wissen, was sie sonst mit ihnen machen sollen? Weil sie nervös sind? Weil sie ihre Weichteile schützen wollen? Der Grund ist egal. Geschlossene Körpersprache reduziert dein Ethos, weil sie das Publikum als Angst und fehlendes Selbstvertrauen wahrnimmt.

Hast du jemals an einen Elektrozaun gegriffen? Du weißt schon, die Art von Zaun, um Kühe und Pferde am Wegrennen zu hindern. Wenn ja, hast du eine schockierende Erfahrung gemacht und wahrscheinlich nie wieder einen angefasst. Wenn du einen Vortrag hältst, stell dir vor, eine deiner Hände wäre dieser Elektrozaun. Besser nicht anfassen!

Eine offene Körperhaltung, bei der du deinem Publikum ohne zusammengeklebte Hände oder verschränkte Arme in die Augen siehst, ist die beste Haltung. Sie bedeutet Selbstvertrauen, und Selbstvertrauen ist ein Booster für dein Ethos und deinen TED-Effekt!

Es gibt allerdings Momente, in denen das Zusammenbringen deiner Hände sinnvoll und bedeutsam ist.

Wenn du etwas illustrierst oder wenn du einen Kernpunkt deiner Rede nonverbal unterstreichen willst, sind das Gelegenheiten, deine Hände zusammenzubringen – ohne Elektroschock! Zum Beispiel, wenn du sagst:

- »Plötzlich schrie unser Coach: ›Time-out!‹« (Die Hände illustrieren das Time-out-Zeichen.)
- »Ich klappte das Buch zu.« (Du ahmst mit deinen Händen das Zuklappen des Buchs nach.)
- »Diese Initiative ist wichtig!« (Du schlägst mit der rechten Faust in die offene linke Handfläche.)

Wenn deine Hände von Zeit zu Zeit für ein Paar Sekunden natürlich zusammenkommen, wird das kaum das Ende der Welt bedeuten. Mache es nur nicht zu deiner Standardhaltung! Vergiss nie: Offene Türen führen irgendwohin, geschlossene Türen nicht.

Eine Frage hören wir oft: »Was ist mit der Fernbedienung? Ich verwende Slides, also habe ich die Fernbedienung in meiner Hand.«

Es stimmt. Wenn du mit Slides präsentierst, hast du eine Fernbedienung in der Hand. Viele Redner denken dann: »Super! Jetzt weiß ich, was ich mit meinen Händen machen kann.« Und was machen sie? Sie halten die Fernbedienung vor ihrem Bauch mit zwei Händen fest. Zurück zur geschlossenen Körperhaltung, zurück zum Schutzmodus, zurück zur unterbewussten Botschaft von Angst. Tu das nicht!

Fernbedienungen sind heutzutage ergonomisch designt. Sie passen perfekt in deine Hand und du kannst praktisch jegliche Gestik machen, während du sie in der Hand hältst. Du kannst boxen. Du kannst Golf spielen. Du kannst sie sogar auf einen Störenfried in der dritten Reihe schmeißen.

Rock die Bühne

Die Bühne ist mehr als nur ein Ort für Redner, um dazustehen und Worte auszuspucken. Die Bühne unterstützt deinen Vortrag, sie unterstützt deine Botschaft. Mach die Bühne zu deinem Freund. Rock die Bühne und verbessere deinen TED-Effekt.

Die Bühne effektiv zu nutzen heißt, sich zu bewegen. Wenn du nicht hinter einem Rednerpult stehen musst, sollst du dich nicht wie die Freiheitsstatue verhalten!

Die effektivsten Bühnenbewegungen sind die mit einem Zweck. Hier sind drei Ideen, wie du dich zielorientiert auf der Bühne bewegen kannst.

Strukturbewegungen

Stell dir vor, du gibst eine zehn-minütige Präsentation auf einer renommierten Businesskonferenz. Die Präsentation wird aufgenommen. Du wählst eine Standardredestruktur für deinen Vortrag. Er hat eine Einleitung, einen Mittelteil mit drei Säulen und einen Schluss.

In westlichen Gesellschaften starten wir links und bewegen uns nach rechts, wenn wir Informationen geben. So wie du den Text gerade liest. Deshalb ist es für uns auch natürlich, von links nach rechts zu gestikulieren, wenn wir Dinge wie Vergangenheit – Gegenwart – Zukunft, erstens – zweitens – drittens oder gut-besser-am besten erläutern. Aber für unser Publikum ist es von rechts nach links.

Dein Publikum hat eine gespiegelte Sicht deiner Bewegungen. Deine Bühnenbewegungen sollten daher immer den Standpunkt deiner Zuhörer reflektieren.

JOHN

Als ich für die Vereinten Nationen gearbeitet habe, bin ich regelmäßig in den Mittleren Osten geflogen, um in Ländern Vorträge zu halten, in denen Arabisch die offizielle Sprache ist. Arabisch wird von rechts nach links geschrieben. Nach Jahren mit westlichen Zuhörerschaften musste ich meine Bühnenbewegungen wieder natürlich gestalten, was sich jetzt unnatürlich anfühlte!

Beginne mit deiner Präsentation in der Mitte der Bühne. Nur selten haben wir Veranstaltungsorte erlebt, die dich daran hindern, von der Mitte aus zu starten. Nach deiner Einleitung gehe nach rechts und rede über dein erstes Argument A. Wenn du mit A fertig bist, kannst du einen Überleitungssatz sagen wie: »A ist ein guter Punkt, aber da ist noch mehr.« Jetzt bewegst du dich zurück zur Mitte und redest über B. Wenn du B abgeschlossen hast, bewegst du dich nach links und referierst über C. Dann kehre zurück in die Mitte und beende deinen Vortrag.

Strukturbewegungen verleihen jedem Kernpunkt unserer Rede seinen eigenen Standort auf der Bühne. Sie unterstreichen die Übergänge zwischen den einzelnen Redeblöcken und helfen somit deinem Publikum, deinem Vortrag besser folgen zu können.

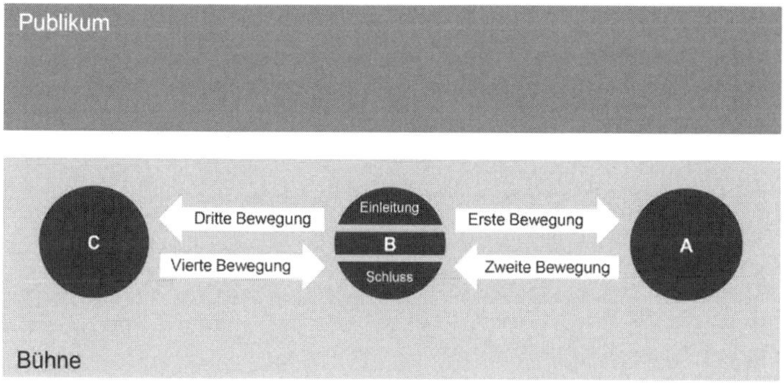

Zeitbewegungen

Eine Bühne ist auch eine Zeitschiene. Das Zentrum ist jetzt, heute, die Gegenwart. Zur Rechten ist die Vergangenheit und zur Linken die Zukunft. Vergiss nicht, wir denken aus Sicht des Publikums.

Wir lieben es, auf der Bühne durch die Zeit zu reisen.

Stell dir vor, du willst, als Teil eines längeren Vortrags, über eine große Herausforderung vor acht Jahren sprechen und welchen Einfluss sie auf dein Leben hatte. Für diesen Teil der Präsentation sprich über die Herausforderung auf der rechten Seite der Bühne. Wenn du über die Folgen dieser Herausforderung für dein heutiges Leben redest, bewege dich zurück zum Zentrum. Wenn du über die Pläne in der Zukunft sprichst, bewege dich zur linken Seite.

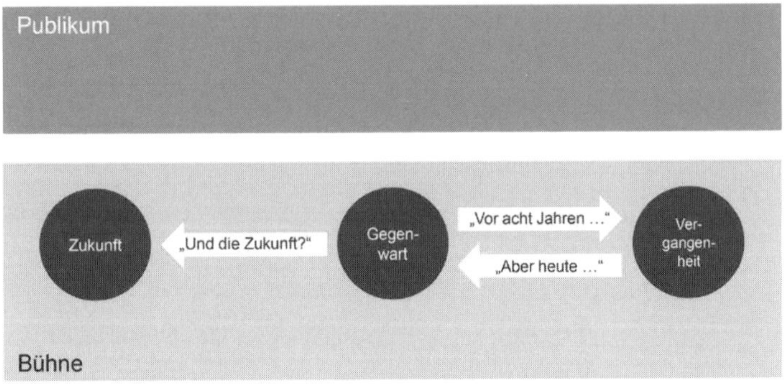

Ortsbewegungen

Eine dritte Variante, die Bühne effektiv zu nutzen, sind geografische Bewegungen. Verwende Orte – Länder, Städte, Dörfer – als Rechtfertigung, dich von einem Teil der Bühne zu einem anderen zu bewegen.

Wenn du zum Beispiel einen Vortrag hältst, im Rahmen dessen du eine Geschichte aus Buenos Aires erzählst, und eine andere, die in Berlin spielt, erzähle die Geschichten an zwei verschiedenen Standorten. Wenn du, wieder gespiegelt, von Buenos Aires nach Berlin ziehst, hat das einen tollen Effekt für dein Publikum.

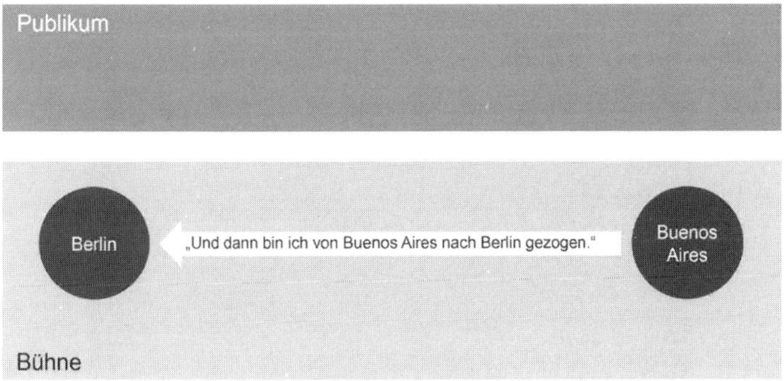

In den drei genannten Beispielen verwenden wir unterschiedliche Positionen auf der Bühne, um Hologramme in den Köpfen des Publikums zu kreieren. Mit diesen gedanklichen Hologrammen meinen wir nicht eine 3-D-Projektion auf der Bühne, hervorgerufen durch Lichtstrahlen. Das diskutieren wir auch, aber erst später.

Hier beziehen wir uns auf imaginäre Anker, die du setzen kannst und die deinem Publikum helfen, deine Rede zu visualisieren. Durch das »Platzieren« von spezifischen Zeiten, Ereignissen oder Plätzen in verschiedenen Positionen auf der Bühne gibst du deinem Publikum Referenzpunkte. Diese Ankerpunkte helfen ihm, deinem Vortrag besser zu folgen, während du dich von Punkt zu Punkt bewegst.

Ein letzter Gedanke zu deinen Bühnenbewegungen: Horizontale Bewegungen wie die in den Beispielen sind immer gut. Aber vermeide zufälliges Vor- und Zurückbewegen. Wir nennen es Cha-Cha-Cha. Wenn du Cha-Cha-Cha tanzen willst, mach das im Tanzkurs. Wenn du es auf der Bühne machst, vermittelst du nur eines: Nervosität.

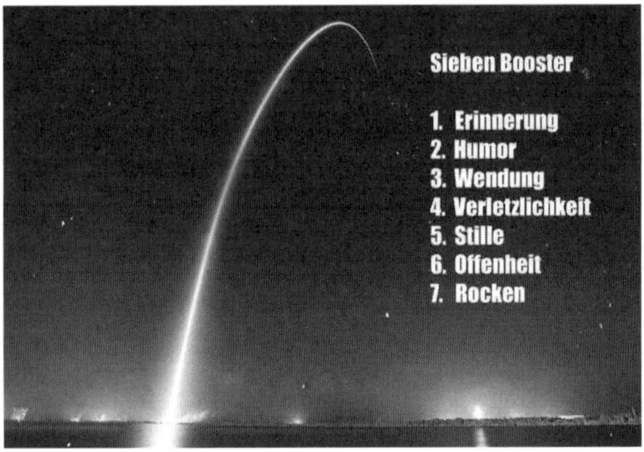

Quelle: SpaceX, unsplash.com

Bis jetzt haben wir Wege aufgezeigt, wie du deine visuellen Präsentationen besser gestalten kannst, wenn du auf einer Bühne vor Menschen stehst. Aber Präsentationen finden heute auch oder gerade online statt. Viele der Themen, die wir bereits abgedeckt haben wie Vorbereitung, Struktur oder gute Visuals, gelten gleichermaßen, wenn du zu Leuten via Kamera oder Computer sprichst. Aber es gibt auch andere Aspekte, die du kennen musst.

Teil IV: Video-Talks

Video-Talk: eine Präsentation, die der Redner via audio-visueller Technik hält.

Präsentieren mit Kamera

Dank des technologischen Fortschritts und einer immer stärker miteinander verbundenen Welt ist es heute normal, dass der Redner sich allein im Raum befindet. Das Publikum sitzt verstreut an verschiedenen Standorten, oft in verschiedenen Ländern – manchmal am Schreibtisch im Büro, manchmal im Schlafanzug zu Hause. Kommt dir das bekannt vor? Wir meinen den Schlafanzug!

Es ist grandios, dass wir uns so mit Menschen verbinden können. Was noch vor wenigen Jahrzehnten unmöglich war, passiert heute jeden Tag und ständig. Leute können heute auf der anderen Seite der Welt zu jeder Zeit mit ihren Kollegen und Kunden in Kontakt treten mit einer Technologie, die schnell, einfach und günstig ist. Und so wie die Technologie voranschreitet, werden die Vorteile weiter explodieren.

Aber wie bei den meisten Dingen im Leben musst du etwas aufgeben, um etwas zu bekommen. Wenn du mit einer oder, besser gesagt: in die Kamera präsentierst (wir nennen diese Präsentationen Video-Talks), nimmt deine Fähigkeit, mit dem Publikum zu interagieren, stark ab. Auf einer Bühne kannst du die Gesichter der Leute normalerweise sehen, du kannst Blickkontakt herstellen, du kannst sie lachen hören, du kannst die Energie im Raum aufsaugen.

Bei Video-Talks geht ein Großteil dieser Verbindung verloren. Auch wenn dich das dezentrale Publikum vielleicht sehen kann, das Gegenteil ist oft nicht der Fall. Und in vielen Fällen kann dich dein Publikum nur hören, weil ihre Bildschirme mit deinen Slides zugepflastert sind.

Du stehst in diesen Fällen vor einer Riesenherausforderung. Wenn du dein Publikum nicht siehst, kannst du nicht sicher sein, ob sie aufmerksam zuhören, E-Mails lesen, schlafen oder Candy Crush spielen! Aber verzweifle nicht. Es da einige Dinge, die du tun kannst, um den Erfolg deiner Video-Talks sicherzustellen.

Agenda ist Pflicht

Die Businesswelt geht in Meetings unter. Die meisten dieser Meetings haben keine konkrete Agenda. Das ist ein Fehler! Ohne Agenda plätschern Meetings vor sich hin, Zeiten interessieren keinen, und oft enden sie ohne eine klare Idee, was von wem und wann gemacht werden muss. Eine Agenda sorgt für Fokus.

Agenden sind besonders wichtig für Video-Talks. Hier hast du eine Übersicht von Elementen, die eine Video-Talk-Agenda aus unserer Sicht enthalten sollte.

Datum und Zeit

Wenn dein Publikum über mehrere Zeitzonen verstreut sein wird, stell sicher, dass alle Beteiligten wissen, von welcher Zeit du genau sprichst. Noch besser ist es, eine Liste der verschiedenen Zeitzonen beizufügen, sodass alle Teilnehmer auf einen Blick sehen, wann genau der Video-Talk für sie stattfindet.

Auf zeitzonen.de kannst du die Zeitunterschiede für deine Teilnehmerländer leicht errechnen. Deine Zuhörer werden diesen kleinen Extraaufwand honorieren.

Klare Instruktionen

Wer wird die Konferenz eröffnen? Müssen Teilnehmer sich einwählen? Gibt es eine gebührenfreie Einwahlnummer? Müssen Teilnehmer einen Code eingeben? Viele Leute kämpfen nach wie vor mit der Technologie. Es ist dein Job, ihr Leben so einfach wie möglich zu machen.

Eine Gliederung

Stell dir vor, du erhältst eine Einladung zu einem Video-Talk. Dauer: 30 Minuten. Eine halbe Stunde deines wertvollen Tags. Würdest du nicht wissen wollen, um was es in der Präsentation geht?

Leute wollen wissen, um was es in der Präsentation genau geht. Die Gliederung sollte auch erwähnen, ob eine Q&A-Session vorgesehen ist. Falls ja, erkläre den Teilnehmern, wie sie abläuft: mündlich, mittels Chatbox etc.

Andere relevante Informationen

Zum Beispiel könnte es sein, dass jeder Teilnehmer vor dem Video-Talk ein Dokument lesen sollte. Oder du willst ihnen einen

Link mitteilen, über den sie nach dem Video-Talk deine Slides herunterladen können.

Technik immer testen

Technik ist das Rückgrat deines Video-Talks. Es ist egal, wie gut du bist – wenn es Probleme mit der Technik gibt, wird deine Präsentation leiden. Deshalb musst du hundertprozentig sichergehen, dass alles funktioniert.

Abhängig davon, wie gut du mit der Technik umgehen kannst, kann technische Unterstützung während des Video-Talks Sinn machen (dein bester Freund kann auch virtueller Natur sein!). Mit technischem Support an deiner Seite kannst du dich auf das Wesentliche fokussieren: die Präsentation. Wenn kein technischer Support verfügbar ist, musst du die gesamte Technik im Griff haben.

Aber auch wenn dich Profis unterstützen, solltest du die Technik immer vor deinem Video-Talk testen. Und mit »vor« meinen wir einige Tage zuvor. Du willst nicht mit Problemen Minuten vor deiner Präsentation konfrontiert werden.

JOHN

Ich habe mal einen Video-Talk für 152 Mitarbeiter eines internationalen Unternehmens gegeben. Die Teilnehmer waren rund um den Globus in ihren lokalen Niederlassungen verstreut. Ich hielt die Präsentation von meinem Schweizer Zuhause aus, während meine Hauptkontakte in Portugal saßen.

Aufgrund der anspruchsvollen Logistik veranstalteten wir einen Testlauf drei Tage vor dem tatsächlichen Event. Darüber bin ich heute sehr froh. Der Plan war: Ich sende meinem Kunden meine Slides, sie ergänzen noch einige Folien am Anfang und am Ende (für ihre eigenen Bemerkungen für die Mitarbeiter) und fügen das Dokument schließlich der Videokonferenz-Software hinzu.

Ich hatte ihnen meine Slides geschickt, alles war bereit für den Testlauf. Mit einer Ausnahme: Das Laden der Präsentation dauerte ewig. Während wir warteten, gingen wir durch die Ziele und andere logistische Aspekte für den Call. Aber in meinem Hinterkopf brodelte es: Würde die Technik am großen Tag funktionieren?

Am Ende war die Präsentation bereit und alles funktionierte, auch wenn nicht so glatt, wie ich es mir gewünscht hätte. Wir vereinbarten, der Videokonferenz 45 Minuten vor Beginn beizutreten, um sicherzustellen, dass alles funktionieren würde. Aber ich wusste, wir brauchten einen Plan B.

Ich bat meinen Kunden, mir ihre Slides per E-Mail zu schicken. Dann erstellte ich die komplette Präsentation auf meinem Rechner. Am Tag der Präsentation trafen wir uns, wie vereinbart, online 45 Minuten vor dem Event. Sie versuchten, die Präsentation von ihrem Server aus ans Laufen zu bringen – ohne Erfolg! Kein Problem. Ich hatte die Ersatzpräsentation »ready to go«. Ich schlug vor, die Präsentation von meinem Rechner laufen zu lassen und meinen Bildschirm mit allen Teilnehmern zu teilen.

Der Plan B funktionierte perfekt, und mein Kunde war super-happy. Und erleichtert!

Psssst!

Hintergrundlärm kann die Qualität eines Video-Talks erheblich beeinträchtigen. Maschinenlärm, Telefonklingeln, laute Kollegen, bellende Hunde oder miauende Katzen – all diese Geräusche nerven und stören. Du brauchst keinen schalldichten Raum, aber du solltest einige Punkte beachten, bevor du mit deinem Video-Talk beginnst:

- Wähle einen ruhigen Raum.
- Schalte dein Smartphone auf stumm und die Vibrationsfunktion aus.
- Trenne alle Festnetztelefonleitungen im Raum, die nicht für die Präsentation benötigt werden, oder programmiere die Telefone so, dass sie Anrufer direkt an andere Stelle weiterleiten.
- Informiere deine Kollegen darüber, dass du nicht gestört werden willst, und befestige ein Schild »Bitte nicht stören« an der Außenseite der Tür des Raums.
- Wenn du die Präsentation von zu Hause aus hältst, vergewissere dich, dass potenzielle Haustiere gefüttert wurden, ausreichend Wasser haben und an einem Ort sind, wo sie dich nicht stören werden.

Musst du dich über Hintergrundlärm während deiner Video-Talks ärgern? Denke an Wege, wie du ihn reduzieren kannst. Und vergiss nicht den Lärm, der von deinen Zuhörern kommen kann, wenn der Audiokanal in beide Richtungen offen ist. Sage den Leuten noch vor Beginn der Präsentation, sie sollen ihre Mikrofone auf stumm schalten. Es ist für beide frustrierend, Redner und Publikum, Tastaturgeräusche oder Ähnliches während der Präsentation zu hören, auf die sich die Leute konzentrieren wollen.

Nicht am Mikrofon sparen

Die meisten Laptops und Computer haben ein eingebautes Mikrofon, und mit einem Kniff werden sie für dich den Job erledigen. Aber die Tonqualität könnte besser sein.

Mit der wachsenden Bedeutung von Video-Talks sollten Unternehmen, Organisationen und Selbstständige in gute Mikrofone investieren. Du musst nicht Tausende von Euro für Topqualität ausgeben. Für einige Hundert Euro oder weniger kannst du ein hochqualitatives Mikrofon kaufen, das direkt per USB-Schnittstelle mit deinem Rechner verbunden wird. Es ist nicht der Zweck dieses Buchs, all die verfügbaren Optionen aufzuzeigen. Du kannst über Google Dutzende von Kundenbewertungen finden.

Bevor du dir ein Mikrofon kaufst, ist es eine gute Idee – wenn möglich –, verschiedene Modelle auszuprobieren. Einige Mikrofone produzieren einen warmen, vollen Sound. Die Art von Sound, die du von einem Radio-DJ erwarten würdest, der spät in der Nacht 60er-Jahre-Hits auflegt. Andere Mikros produzieren einen leichteren, schärferen Ton, den manche Leute als blechern beschreiben. Es ist eine Frage der persönlichen Präferenz. Teste einige und wähle deinen Favoriten.

Wir haben zwei weitere Empfehlungen für dich. Die erste ist, dir ein festes Mikrostativ zu besorgen. Eines, das du in der Höhe verstellen kannst, je nachdem, ob du bei deinen Präsentationen sitzt oder stehst. Das solide Stativ sollte auch einen sogenannten Schwingarm besitzen, um das Mikrofon in die beste Position zu bringen.

Die zweite Empfehlung ist, dir einen Pop-Filter zuzulegen. Das ist ein simpler Lärmschutzfilter, der die »poppenden«, explodierenden Klänge reduziert, wenn Leute zu nahe am Mikrofon sprechen. Diese poppenden Klänge sind besonders hörbar bei Wörtern, die mit P, T oder Z beginnen (siehe auch Teil III).

Pop-Filter halten auch Spucke und Feuchtigkeit vom Mikro fern. Dies ist besonders wichtig bei Rednern, die eine Tendenz zum, sagen wir: Sprayen haben. Ein sauberes Mikrofon hält länger.

Im folgenden Bild siehst du einen Pop-Filter in Aktion. Wenn dein Publikum nur deine Slides sieht und dich nur hört, kannst du den Pop-Filter direkt vor deinem Gesicht platzieren. Wenn sie dich jedoch sehen können, positioniere dein Mikro und deinem Pop-Filter leicht neben dem Bildschirm. Sonst würde der Pop-Filter dein Gesicht verdecken. Nicht gut für den TED-Effekt.

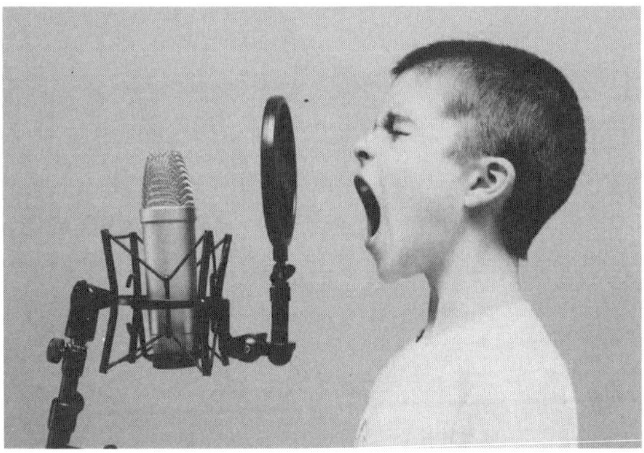

Quelle: Jason Rosewell, www.unsplash.com

JOHN

Zu der Zeit, als wir dieses Buch geschrieben haben, verwendete ich ein Samson-G-Track-Mikrofon. Es produziert hochwertigen Sound und kann leicht mit deinem Mac oder PC über USB verbunden werden. Es ist einfach zu nutzen und braucht keinerlei Treiber oder Software. Das Mikro sitzt in einem sogenannten Schwingungsdämpfer, der mögliche Vibrationen (und somit Lärm) am Boden oder am Tisch abfedert. In dem Bild mit dem Jungen sitzt das Mikrofon ebenfalls in einem Schwingungsdämpfer.

Wenn du ein gutes Mikrofon hast, das du nicht jeden Tag verwendest, vergiss es nicht, wenn du einen wichtigen Video-Talk hast!

Ich war einmal als Gastsprecher zu einem Webinar eingeladen. Wegen der Ruhe dort entschied ich mich für den Raum unter dem Dach. Alles war an seinem Platz, als das Webinar begann. Alles außer dem Mikrofon! Ich hatte vergessen, es mit hochzubringen. Doch das Webinar fing bereits an. Ich konnte nicht mehr weg.

Später sah ich mir das Video an. Der Sound meiner Stimme war nicht gut. Und ein oder zwei Teilnehmer schrieben dem Organisator, dass sie Probleme hatten zu hören, was ich sagte. Lektion gelernt!

Rede mit uns, Teil 2

Wenn sie zu einem Publikum via Computer sprechen, schauen die meisten Redner auf ihren Bildschirm. Das ist verständlich. Denk an das letzte Mal, als du mit jemandem über Skype oder Google Hangouts kommuniziert hast. Wohin hast du geschaut? Du hast die Leute angeschaut, mit denen du gesprochen hast. Kein Zweifel.

Während es für dich natürlich ist, auf deinen Bildschirm zu blicken, während du mit anderen sprichst, fühlt es sich für die Leute, die dir zuschauen, nicht natürlich an. Sie sehen dich, wie du nach unten blickst, und nicht, wie du sie anschaust. Ob auf einer Bühne oder vor dem Computer, wenn du den TED-Effekt haben willst, musst du ihnen in die Augen sehen.

Wenn du einen Video-Talk gibst, schau in die Kamera deines Computers. Und wenn du Slides verwendest und sie checken willst – sie sind direkt vor deiner Nase. Schau kurz nach unten und dann wieder in die Kamera. Du wirst mehr Beziehung zu deinem Publikum aufbauen können.

Quelle: Alejandro Escamilla, www.unsplash.com

Deine Stimme ist der Kleber

Einer der wichtigstes Aspekt in Public Speaking ist deine Stimme. Keine Stimme, keine Rede. Und wenn du einen Video-Talk gibst, wird die Stimme noch wichtiger. Deine Stimme ist der Kleber, der sie an ihren Bildschirmen festhält. Deshalb diskutieren wir das Thema Stimme in diesem Abschnitt. Aber die Punkte sind genauso valide für Vorträge vor einem Livepublikum.

Jede Stimme ist anders. Unsere Stimmen sind Produkt unserer Gene, unseres kulturellen und linguistischen Hintergrunds, unserer Emotionen und unserer Gesundheit in der jeweiligen Situation. All diese Faktoren beeinflussen die Qualität unserer Stimme.

Was ist eine gute Vortragsstimme? Denk an eine Person, die eine Wahnsinnsstimme hat. Es muss nicht Christoph Waltz oder Maybrit Illner sein. Es kann irgendjemand in deinem Leben sein. Wir könnten wetten, dass die Stimme dieser Person die folgenden vier Qualitäten hat:

- Sie ist natürlich.
- Sie ist kräftig.
- Sie ist ausdrucksvoll.
- Sie ist deutlich.

Eine natürliche Stimme ist deine Stimme. Sie ist nicht forciert. Du willst mit dem Publikum genauso reden wie mit einem Freund beim Abendessen in einem Restaurant. Normal. Aber deine Stimme muss auch kräftig sein, wenn du eine Präsentation gibst. Eine kräftige Stimme ist eine der Hauptzutaten für den TED-Effekt.

Wenn du eine kräftigere Stimme haben willst, wende diese einfache Regel an: Sprich lauter, als du solltest. Wir meinen nicht, dass du zu schreien anfangen sollst. In der Tat gibt es manchmal Momente, in denen du deine Stimme senken willst, um einen dramatischen Effekt zu erreichen. Doch generell: Sprich lauter, als du solltest. Aber eine kräftige Stimme allein ist nicht genug. Sie muss auch ausdrucksvoll sein.

Deine Stimme ist ausdrucksvoller, wenn du deine Emotionen ausdrückst. Der *Pitch* zeigt an, wie hoch oder wie tief deine Stimme auf der Tonleiter ist.

Variiere deinen Pitch, je nachdem, welche Emotion du vermitteln willst. Zum Beispiel kann ein hoher Pitch Aufregung ausdrücken, ein tiefer Pitch einen festlichen. Ein Kinderbuch laut vorlesen, besonders einem Kind, ist eine wunderbare Übung, der Stimme mehr emotionalen Ausdruck zu verleihen.

FLORIAN

Eine meiner Leidenschaften im Leben ist Kochen. Kochen entspannt. Ich lebe den Moment und liebe den Rotwein, der nicht fehlen darf! Und ich koche nie ohne Musik. Ich höre meine Lieblingslieder und chille.

Eines Tages begann ich, eine spontane Rede über Wiener Schnitzel zu halten. Das kochte ich gerade. Aber ich hielt die Rede mit der Stimme, die mit der Emotion des Stückes, das gerade auf Spotify lief, korrespondierte: das »Lacrimosa« aus Mozarts Requiem. Ich begann die Rede flüsternd und endete Fortissimo mit einem tiefen Pitch.

Das nächste Stück war »Battery« von Metallica. Ich machte mit der Übung weiter. Nachdem ich meine Stimme immer wieder emotional angepasst hatte mit ABBA, den Red Hot Chili Peppers und Udo Jürgens, merkte ich, dass, was ich da spontan machte, eine tolle Übung ist, unserer Stimme mehr emotionalen Ausdruck zu verleihen.

Wenn du das nächste Mal alleine zu Hause bist und dein Lieblingsessen kochst, schmeiß Spotify an und lass deinen Emotionen freien Lauf.

Du kannst die natürlichste, kräftigste und ausdrucksvollste Stimme haben, aber wenn sie nicht deutlich ist, wird dich dein

Publikum nicht verstehen. Wenn wir an Deutlichkeit denken, denken wir an Artikulation. Das ist die Art, wie du Worte ausprichst. Nuschel nicht, verschluck keine Worte, artikuliere!

Um deine Artikulation zu verbessern, kannst du deine Stimme vor deiner Präsentation »aufwärmen«. Eine gute Übung sind die klassischen Zungenbrecher:

In Ulm, um Ulm und um Ulm herum.

Fischers Fritz fischt frische Fische, frische Fische fischt Fischers Fritz.

Blaukraut bleibt Blaukraut und Brautkleid bleibt Brautkleid.

Das Tempo, mit dem du sprichst, beeinflusst ebenfalls die Deutlichkeit deiner Stimme. Aufgrund von Lampenfieber sprechen viele Leute zu schnell. Wenn dein Grundtempo zu schnell ist, können dir die Leute nur schwer folgen und du wirst dein Publikum verlieren. Und vergiss nicht den kulturellen Background deines Publikums. Ein Redetempo, das angenehm ist für Zuhörer, deren Muttersprache die Sprache des Redners ist, kann für andere zu schnell sein, die eine andere Muttersprache haben. Dies ist besonders wichtig, wenn du zu Zuhörern in einem anderen Land sprichst, egal ob live oder online.

Wir sind uns bewusst, dass es schwierig sein kann zu wissen, ob man bei Präsentationen zu schnell spricht. Der beste Weg ist Feedback: von einem Coach, von Kollegen oder von Freunden.

Stimme wird immer von Variation handeln. Aber wenn du Video-Talks gibst, ist Deutlichkeit deine Toppriorität. Sprich ein bisschen langsamer als normal. Du weißt nicht, wie gut das Audio-Equipment deiner Zuhörer ist. Deshalb musst du auf deiner Seite alles dafür tun, dass deine Stimme so deutlich wie möglich ankommt.

Bei Video-Talks ist deine Stimme der Kleber, der die Zuhörer an ihren Bildschirm festhält. Aber wenn du dein Energielevel nicht oben hältst, wird der Kleber anfangen zu schmelzen. Wenn der Serienweltmeister und Olympiasieger Usain Bolt losrennt, lässt er dann das Energieniveau in den Keller fallen, bevor er die Ziellinie überquert? Auf keinen Fall!

Es gibt einen einfachen Weg, mehr Energie zu haben: wenn du in die Kamera sprichst.

Steh auf!

Okay, du hast dich gut auf deine Präsentation vorbereitet. Du hast die Technik getestet. Die Teilnehmer loggen sich in deinen Video-Talk ein. Alles ist bereit und du lehnst dich in deinem Bürostuhl zurück. Es kann losgehen …

Keine gute Idee.

Wenn sie von ihrem Computer aus präsentieren, ist es normal für Leute, zu sitzen. Denk darüber nach: Wie oft arbeitest du mit deinem Computer im Stehen? Sofern du keinen Stehtisch auf der Arbeit hast, lautet die Antwort wahrscheinlich: nie. Also, warum solltest du dann nicht vor dem Computer sitzen, wenn du einen Video-Talk gibst?

Du schreibst keinen Bericht, du liest nicht deine E-Mails, du checkst nicht deine letzten Facebook-Likes. Du hältst eine Präsentation!

Wir sehen ein, dass manche nicht aufstehen können. Vielleicht müssen sie ihre Präsentation vom Desktop-Computer aus halten, und sie können ihn nicht bewegen. Das verstehen wir. Aber in Zeiten, in denen Laptops die Überhand in unseren Büros gewinnen, sind mehr und mehr Leute flexibel und können von einem anderen Standort aus ihren Video-Talk halten.

Wenn du einen Laptop hast, solltest du das auch machen. Es gibt mehrere Gründe.

Wenn du aufstehst, erhöht sich dein Herzschlag marginal, weil dein Herz jetzt das gesamte Körpergewicht unterstützen muss. Ein schnellerer Herzschlag bedeutet, dass sauerstoffreicheres Blut in deinem Körper und deinem Gehirn zirkuliert. Dadurch bist du fokussierter und scharfsinniger.

Stehen hilft auch deiner Stimme. Viele Leute haben eine schlechte Körperhaltung, wenn sie sitzen. Manchmal hat der Stuhl die falsche Größe oder ist falsch eingestellt oder er ist schlecht designt. In jedem Fall sitzen sie bucklig im Stuhl und nicht gerade. Das Ergebnis? Unser Zwerchfell, die Muskel-Sehnen-Platte, die unsere Brust- und Bauchhöhle voneinander trennt, wird eingeengt.

Das Zwerchfell ist aber wichtig für unsere Atmung. Es hilft der Lunge, sich auszuweiten, wenn wir einatmen, und sich zusammenzuziehen, wenn wir ausatmen. Wenn wir bucklig über unserer Tastatur hängen, können wir nicht so tief atmen wie im Stehen. Versuch es selbst. Setz dich an einen Tisch und lehn dich nach vorne, als würdest du mit einem Computer arbeiten. Atme so tief ein wie möglich. Jetzt steh auf und hole so tief wie möglich Luft. Merkst du den Unterschied?

Wenn du bucklig über deiner Tastatur hängst, werden auch dein Hals und deine Kehle eingeengt. Wenn du die gesamte Präsentation über nach unten auf deinen Bildschirm schaust, versteift sich dein Nacken und deine Kehle verengt sich leicht, was deine Stimme beeinträchtigt. Wenn du stehst, hältst du deinen Kopf hoch und dein Nacken und deine Kehle sind aufrecht.

JOHN
Bei der WHO hatte ich einen Stehtisch. Es kostete mich eine Woche, um mich daran zu gewöhnen, aber danach wollte ich ihn nicht mehr missen. Ich war produktiver und hatte mehr Energie, besonders bei meinen Telefonaten. Frag deinen Arzt, ob du einen Stehtisch ausprobieren solltest. Du wirst überrascht sein, wie sehr du es magst. Übrigens, ich stehe gerade beim Schreiben dieser Zeilen.

Für deinen Video-Talk im Stehen sollte der Computer so platziert werden, dass der Bildschirm ungefähr auf Augenhöhe ist. Du solltest nicht nach unten schauen müssen. Du könntest ein Bücherregal verwenden oder einen kleinen Tisch auf einen größeren stellen. Um die Höhe genau zu treffen: mit zwei oder drei Büchern sollte es gehen.

Vergewissere dich, dass du den Computer in der Nähe einer Steckdose platzierst. Das Letzte, was du willst, ist, dass dein Computer während deiner Präsentation den Geist aufgibt. Vielleicht brauchst du ein Verlängerungskabel.

Wenn du redest, rede, als wärst du auf einer Bühne. Stell dir vor, dein Publikum sitzt vor dir. Wie würdest du handeln? Du würdest lächeln, du würdest deine Stimme variieren, du würdest gestikulieren. Mach das Gleiche in deinem Video-Talk! »Warum soll ich gestikulieren, wenn sie mich nicht sehen können?«, könntest du jetzt fragen. Weil Gestik ein natürlicher Teil unserer Kommunikation ist. Wenn du gestikulierst, hast du mehr Energie, und diese Energie resultiert in einer besseren Stimme.

Achtung! Wenn du deinen Video-Talk im Stehen gibst, wirst du den Drang verspüren, dich zu bewegen, wenn auch nicht viel. Das ist absolut natürlich und wir ermutigen dich dazu. Aber wenn du für deinen Video-Talk das Mikrofon in deinem Computer oder eines mit Stativ verwendest und dich mit deinen Bewegungen zu weit vom Mikrofon entfernst, können dich die Zuhörer eventuell nicht immer hören.

Deshalb: Vergiss das Mikrofon nicht!

Eine Alternative ist die Verwendung eines Kopfbügelmikrofons (siehe oben). Die Soundqualität wird nicht an die einer stationären Lösung herankommen, aber heutzutage gibt es viele gute Produkte zu vernünftigen Preisen.

Jetzt, da wir diskutiert haben, wie du auf der Bühne und vor einem Computer präsentieren kannst, ist es Zeit, in die Gedanken der Zuhörer einzutauchen.

Teil V: Bilder im Kopf

Hunderte von Reden. Tausende von PowerPoint-Slides. Die überwältigende Mehrheit von Vorträgen, die wir gehört haben, ist im Reich der Vergessenheit verschwunden. Aber einige haben überlebt. Sie sind immer noch präsent. Warum? Weil die Redner lebendige Bilder in unsere Gedanken eintätowiert haben.

Zum Beispiel?

Abstrakte Kunst ist eine Bewegung in der Malerei und Bildhauerei des 20. Jahrhunderts. Statt der traditionellen Darstellung von Menschen, Tieren und Objekten verwendet abstrakte Kunst Farben und Formen, um Dinge konzeptuell abzubilden. Für Peter Wesner, Herausgeber des internationalen Designmagazins *form*, ist abstrakte Kunst »die Visualisierung von Emotionen«. Das ist großartig für die Kunstwelt, aber nicht für Präsentationen, nicht für den TED-Effekt.

Wenn Leute präsentieren, tendieren sie dazu, wie abstrakte Kunst zu sprechen. Sie sprechen von Effizienz, Werten, Team und Synergien. Das Problem mit abstrakten Begriffen ist, dass sie weit offen sind für Interpretation. Jeder versteht unter ihnen etwas anderes.

Nehmen wir zum Beispiel das Wort »Synergie«. Es war früher ein gutes Wort. Es stammt aus dem Griechischen und bedeutet

»zusammenarbeiten«. Leider ist es dann unter die Räder des Businessjargons geraten.

Stell dir vor, du gibst eine Präsentation vor 200 Kollegen. Du sagst ihnen: »Um das potenzielle operationale Risiko zu reduzieren, müssen wir die abteilungsübergreifenden Synergien innerhalb des Unternehmens mehr ausschöpfen.« Was zum Geier sollen sie machen? Wenn du jede einzelne Person im Publikum fragst, wirst du eine von zwei Antworten erhalten: »Ich weiß es nicht.« Oder eine subjektive Antwort, die sich unterscheidet von dem, was die anderen 199 Leute im Publikum denken.

Genug!

Tobias Rodrigues, ein in Kanada geborener Portugiese, ist ein guter Freund von uns. Er nennt sich einen »Team-Mechaniker« und seine Spezialität ist es, Unternehmen zu helfen, besser mit Konflikten umzugehen. Wir arbeiten regelmäßig mit Tobias zusammen.

Während einer Präsentation teilte Tobias eine der goldenen Regeln für Konfliktvermeidung mit uns: »Je spezifischer, desto weniger Widerstand.« So funktioniert unsere Logik. Je spezifischer ein Sachverhalt ist, desto mehr macht er Sinn. Und je mehr er Sinn macht, desto weniger Widerstand bringen wir ihm entgegen.

Das gleiche Prinzip kannst du auf deine Vorträge übertragen. Bleib nicht stecken im Sumpf der vagen Allgemeinheiten. Es ist Zeit, den Sumpf trockenzulegen.

Das Parfum

Je abstrakter deine Kommunikation, desto weniger greifbar wird deine Botschaft. Die meisten Leute werden keine Ahnung haben, von was genau du sprichst. Wie kannst du es besser machen? Schauen wir uns ein konkretes Beispiel an.

In einer Übung in unseren Trainings fragen wir die Teilnehmer nach den Vorteilen, in ihrem Unternehmen zu arbeiten. Stell dir vor, du wärst einer der Teilnehmer.

Wir würden dich bitten: »Nenne uns in einem Wort einen Vorteil, für dein Unternehmen zu arbeiten.«

Du würdet zum Beispiel antworten: »Kultur.« (Wir hören die Antwort ständig.)

»Cool. Dann komm doch mal nach vorne und erklär den anderen hier in 30 Sekunden, was du unter Kultur bei euch verstehst.«

Jetzt würdest du etwas sagen wie: »Wir haben eine geile Unternehmenskultur bei uns. Deswegen will jeder bei uns arbeiten.« Mit einem fetten Grinsen im Gesicht würdest du dich zurück auf deinen Stuhl setzen wollen.

An diesem Punkt schreiten wir ein.

»Stopp, stopp! Was meinst du genau mit Kultur?«

»Ah, ich meine, wir haben super Werte.«

»Welchen Wert zum Beispiel?«

»Ähm … wir vertrauen uns.«

»Wie wird das greifbar?«

»Vielleicht … vielleicht weil wir Verantwortung für unsere eigenen Projekte haben.«

»Gib ein konkretes Beispiel.«

»Die Werbekampagne für unseren Kunden.«

»Welcher Kunde?«

»Die ABC-Firma.«

»Gut. Was für ein Produkt?«

»Ein neues Parfum.«

»Wie endete das Projekt?«

»Wir haben die Ideen für die Kampagne dem Marketingdirektor unseres Kunden präsentiert.«

»Und?«

»Er fand sie genial.«

»Wie hast du dich gefühlt?«

»Super!«

»Danke!«

Das Wort »Kultur« ist abstrakt. Leute können Kultur nur schwer visualisieren. Aber Leute können sich ein Parfumflakon vorstellen. Wenn du über deine Unternehmenskultur sprichst, ist es deshalb viel wirksamer, etwas zu sagen wie:

> »Letztes Jahr habe ich dem Marketingdirektor unseres Kunden ABC die Werbekampagne für ihr neues Parfum vorgestellt. Ich hatte an der Kampagne vier Wochen lang gearbeitet. Und ich war alleine verantwortlich für die Präsentation, weil mein Chef mir gesagt hatte: ›Du machst das Ding, ich vertrau dir.‹ Er vertraute mir, weil Vertrauen einer unserer Werte im Unternehmen ist. Es liegt an Werten wie diesem, dass ich unsere Unternehmenskultur so geil finde!«

Jetzt haben wir ein konkretes Beispiel vor Augen, mit dem du die Kultur in deinem Unternehmen zum Leben erweckst.

Verlasse das Land der Allgemeinheit und beschreite den Pfad des Spezifischen. Wenn du einprägsam und überzeugend kommunizieren willst, schlägt das Spezifische das Allgemeine jedes einzelne Mal. Deshalb: Grab dich tief durch die Schichten der Allgemeinheit.

Verwende spezifische Beispiele wie Parfumflakons, die dein Publikum visualisieren kann. Am Ende erinnern wir uns an Bilder viel besser als an abstrakte Worte.

Quelle: Jessica Weiller, unsplash.com

Und du kannst sogar eine Überholspur nehmen, um auf spezifische Beispiele für deine Präsentationen zu kommen. Wir haben diese einfache Technik während eines wunderbaren Workshops im Herzen der katalanischen Berge entdeckt.

Rede, wie du malst

Zusammen mit anderen Experten der persönlichen Weiterentwicklung haben wir *The Cradle of Growth* ins Leben gerufen.

Eine unserer Aktivitäten ist ein Event, zu dem wir Leute mit unterschiedlichsten persönlichen und professionellen Hintergründen einladen. Alle von ihnen haben eines gemeinsam: Sie wollen unsere Welt ein Stückchen besser machen.

Stell dir die Szenerie vor. Die Finger der Pyrenäen reichen ins katalanische Hinterland. Um uns herum hängen Wolken tief in den Bergen. Sie streicheln bunte Herbstblätter. Pferde schlendern friedvoll herum. Frische Bergluft füllt unsere Lungen mit Energie. Das ist unser »Büro« an dem Tag. Wir sind bereit.

Jürgen Salenbacher, ein internationaler Experte für *Personal Branding,* leitete einen der zehn-Minuten-Workshops. Er gab uns eine einfache Aufgabe: Male drei Dinge auf ein Stück Papier, die dein Leben geformt haben. Es war einfach und es ging schnell. In wenigen Minuten hatten wir alle unsere Bildchen gemalt.

Dann kamen wir alle in der Mitte des Raums in einem Kreis zusammen. Nacheinander mussten wir die drei Dinge erläutern, die unser Leben geformt haben. Jeder erzählte seine Geschichten dazu. Alle kamen auf den Punkt, alles waren einfache, spezifische Beispiele. Wir schauten uns an und dachten: »Warum reden wir nicht, wie wir malen?«

Hier ist eine Übung für dich. Nimm einen Stift und male drei Dinge, die dein Leben geformt haben, in die drei folgenden Boxen.

Wie war es? Wenn du redest, wie du malst, bist du gezwungen, in spezifischen Beispielen zu denken. Außer natürlich, du bist ein neuer Picasso!

Das nächste Mal, wenn du dich dabei ertappst, wie du deine Folien mit Ausdrücken wie »Kritische Masse« oder »Mehrwert« oder »Leverage« füllen willst: stopp! Schnapp dir ein Stück Papier und male konkrete Beispiele für jedes dieser nichtssagenden Wörter. Diese Übung generiert Beispiele, die das Publikum verstehen und sich merken kann.

Aber an was es sich noch besser erinnern kann, sind zwei Hummeln, ein Telefonkabel und ein 20-Euro-Schein.

Zwei Hummeln, ein Telefonkabel und ein 20-Euro-Schein

Sie redete von zwei Hummeln. Jahre später haben wir immer noch das Summen in den Ohren. Sie war eine Trainingsteilnehmerin. Eine starke Frau Anfang 40. Sie hat ein logisches Hirn und ein großes Herz. In einer ihrer Reden erinnerte sie sich an zwei Hummeln:

> »Ich saß auf dem Balkon in meinem Sonnenstuhl und las den *Spiegel*. Wie alle guten Bayern haben wir unseren Balkon mit roten Geranien geschmückt. Plötzlich erschienen zwei Hummeln. Die wollten nicht weiterziehen. Erst habe ich sie gar nicht beachtet. Aber nach einer Weile dachte ich: ›Was machen die da?‹ Sie flogen immer weiter um die Geranien herum, und sie flogen zusammen. Sie waren wie ein verliebtes Paar. Plötzlich hatte ich dieses starke Gefühl. Ich fühlte die Bedeutung von Liebe.«

In einem anderen Training nahm ein großer blonder Mann teil, seinerzeit der CTO in einem Internetunternehmen. Er erzählte eine andere Geschichte

> »Ich erinnere mich, wie meine Leidenschaft für die IT schon in frühen Jahren begann. Ich war elf Jahre alt. Es gab noch

kein Internet. Aber da war ein Vorgänger in Deutschland mit dem Namen BTX. BTX steht für *Balanced Technology Extended Interface Specification*. Oder auf Deutsch: Bildschirmtext. Ich lernte, wie ich ins BTX-Netz kommen konnte. Mit einem Telefonadapter wie in *WarGames,* dem Film von 1983 mit Matthew Broderick. Zu der Zeit hatten wir bei uns zu Hause keine Telefonbuchse im ersten Stock, wo mein Zimmer war. Die nächste war im Korridor im Erdgeschoss. Also kaufte ich ein 16 Meter langes Telefonkabel und verband die Buchse mit meinem Adapter. Ich war online! Es war der Wahnsinn! Aber ich werde nie die Reaktion meiner Eltern vergessen, als die erste BTX-Rechnung eintrudelte.«

Ein drittes Beispiel aus unseren Seminaren. Eine junge, dynamische Dame sollte über etwas reden, worauf sie stolz ist. Zu Beginn ihrer Rede meinte sie, dass wir normalerweise auf unsere Erfolge stolz seien, aber sie sei auch stolz auf ihre Misserfolge.

»Ich hatte gerade promoviert und mich für eine gute Stelle beworben. Ich dachte, ich würde den Job bekommen, bekam ihn aber nicht. Ich war am Boden zerstört. Um meinen Kopf frei zu kriegen, machte ich einen Spaziergang. Es war ein grauer, verregneter Tag. Als ich so vor mich hinging, schaute ich nach unten und sah einen leuchtenden 20-Euro-Schein auf dem nassen Gehsteig. Das war viel Geld für mich! Ich hob den Schein auf und schaute ihn an. Und dann dachte ich: ›Es gab viele Faktoren außerhalb meiner Kontrolle, die mich zu diesem Geldschein geführt haben. Und es gab auch viele Faktoren außerhalb meiner Kontrolle, die zu der Jobabsage geführt haben. Es war einfach nicht meine Zeit, aber meine Zeit wird kommen. Genau wie dieser 20-Euro-Schein!‹ Es war einer der stolzesten Momente meines Lebens, weil ich in diesem Moment beschloss, für meine Misserfolge verantwortlich zu sein.«

Was haben diese drei Beispiele gemeinsam? Was haben zwei Hummeln, ein 16 Meter langes Telefonkabel und ein nasser 20-Euro-Schein gemeinsam? Alle drei Beispiele tragen einen höheren intrinsischen Wert in sich. Einen symbolischen Wert.

Die beiden Hummeln sind ein Symbol für Liebe. Das 16-Meter-Kabel ist ein Symbol für Leidenschaft für IT. Und der 20-Euro-Schein ist ein Symbol dafür, für seine Misserfolge verantwortlich zu sein. Mach deine Beispiele noch einprägsamer mit einem zusätzlichen symbolischen Wert.

Die drei Beispiele haben noch etwas gemeinsam. Alle drei sind in Geschichten eingebunden. Spezifische Beispiele sind mächtige Treiber von mentalen Bildern in den Köpfen deines Publikums. Noch mächtiger ist Geschichte.

Das Rezept: So baust du deine Geschichte

Viele Tausend Jahre lang war das Lagerfeuer der Ort, wo Informationen von Mensch zu Mensch und von Generation zu Generation wanderten. Kein Fernsehen, keine Zeitung, kein Facebook, kein YouTube. Nur Geschichten. Und heute? Wo sind all die Lagerfeuergeschichten hin?

FLORIAN

Acht Jahre und drei Monate lang arbeitete ich für eine führende globale Unternehmensberatung. So erzählte ich dort Geschichten: »Wir haben mit dem Kunden nächste Schritte vereinbart.« Ende. Das war's. Keine Handlung, keine Herausforderung, kein Kampf. Die Personen waren immer dieselben: »Wir« und »unser Kunde«, jedes einzelne Mal. Wenn ich nur in der Zeit zurückreisen könnte!

Für uns ist der herausragende Grund für die Beliebtheit von TED, dass fast alle Vorträge auf *Storytelling* basieren. Die Ideen variieren von Benjamin Zanders *The transformative power of classical music* (bit.ly/1sRoKpx) bis Amy Cuddys *Your body language shapes who you are* (bit.ly/1gENuLB), aber Geschichten sind immer eine wesentliche Zutat.

Geschichten bieten einem Redner eine Reihe von Vorteilen:

- Das menschliche Hirn ist für Geschichten gemacht.
- Geschichten enthalten Wahrheiten, mit denen wir uns identifizieren können.
- Gutes Storytelling hält das Publikum dank Spannung und Überraschungen in Atem.
- Geschichten lösen Bilder und Emotionen in unserem Hirn aus.
- Wir erinnern uns an Geschichten besser als an Zahlen und Fakten.

Das Paradoxon ist: Obwohl sie Geschichten lieben und obwohl sie Amok laufen, wenn Netflix nicht funktioniert, erzählen Leute fast nie Geschichten, wenn sie einen Vortrag halten. Und dann gibt es TED.

TED ist das Lagerfeuer des 21. Jahrhunderts. Wenn du den TED-Effekt willst, musst du ein guter Geschichtenerzähler sein. Du musst zurück ans Lagerfeuer. Wie? Es ist einfacher, als es scheint. Ja, Reden ist eine Kunst, aber es ist eine wissenschaftliche Kunst. Es gibt bestimmte Bereiche, die fast einem Rezept folgen. Das Erzählen von Geschichten ist einer davon.

Stell dir vor, du arbeitest für ein Unternehmen, das in der ganzen Welt Niederlassungen und Produktionsstätten hat. Eine der Fabriken in Mexiko hat monatelang die Produktionsziele verfehlt. Alle E-Mails und alle Telefongespräche blieben erfolglos.

Deine Chefin hat dich nach Mexiko geschickt, um die Situation auf Vordermann zu bringen. Es war eine harte Nuss und brauchte Verständnis von allen Seiten, aber jetzt laufen die Dinge wieder normal.

Man hat dich als Redner auf eine Konferenz eingeladen, um über die Herausforderungen und Vorteile zu sprechen, in einem multikulturellen, globalen Unternehmen zu arbeiten. Anstatt nur über Fakten und Statistiken zu reden, entscheidest du dich dafür auch die Mexiko-Geschichte zu erzählen.

Mit den folgenden sieben Zutaten kannst du deine Geschichte zum Leben erwecken.

Quelle: Samuel Zeller, unsplash.com

Zutat 1: Zeitpunkt

Klingt »Es war einmal« bekannt? Wer ist nicht mit Märchen und anderen Geschichten aufgewachsen? Es gibt viele andere Möglichkeiten, »Es war einmal« zu sagen:

- Als ich 26 Jahre alt war, ...

- Am 20. Dezember 2016 …
- Vor zehn Jahren …
- Letztes Jahr geriet unser größter Kunde ins Trudeln …

Wenn du deine Geschichte so anfängst, ist das Publikum sofort gefesselt. Deine Zuhörer wissen, dass eine Geschichte folgt, und sind gespannt, was passieren wird.

Zutat 2: Hauptdarsteller

Bevor wir in die Handlung einsteigen, lass uns die Charaktere in deiner Geschichte betrachten. Wir reden oft unpersönlich über Leute. »Mein Boss, mein Kollege, meine Partnerin.«

Kannst du etwas mit ihnen anfangen? Vielleicht. Aber kannst du sie dir vorstellen? Wir haben unsere Zweifel. Als Geschichtenerzähler willst du Leben in deine Charaktere einhauchen.

Charaktere haben Rollen, Namen, Aussehen und Persönlichkeit.

In unserem Beispiel gibt es zwei weitere Charaktere neben dir. Diese sind:

Rolle	Chefin	Standortleiter
Name	Frau Müller	José
Aussehen	Gut angezogen	Schnauzer, groß
Persönlichkeit	Ernst	Freundlich, vorsichtig

Zu diesem Zeitpunkt sammeln wir lediglich die Zutaten für unser Rezept. Du würdest nicht notwendigerweise alle Charaktere gleich zu Beginn der Geschichte vorstellen. Stattdessen sollten sie wie in jeder guten Geschichte nach und nach in Erscheinung treten.

Zutat 3: Situation

Wenn du eine Geschichte erzählst, besonders eine persönliche, kannst du dich an Details erinnern. Du erinnerst dich an das Wetter, die Klänge, die Gerüche. Du hast die Leute in deiner Geschichte vor Augen. Du kannst sehen, was sie anhatten und wie sie aussahen. Du siehst ihr Lächeln und ihr Stirnrunzeln.

Wir, das Publikum, haben von all diesen Details keine Ahnung. Wir waren nicht dort. Wir können nichts sehen oder fühlen, bis wir mehr wissen. Es ist deine Aufgabe als Geschichtenerzähler, uns in die Situation zu versetzen. Ein guter Weg, eine Situation zu beschreiben, ist, dir Gedanken über alle fünf Sinne zu machen.

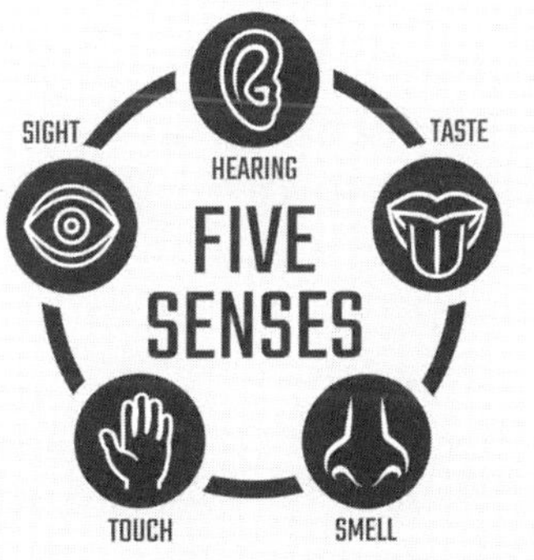

Üblicherweise sprechen wir nur den visuellen Sinn von Menschen an (»Das Gebäude war riesig.« – »Papier lag verstreut im ganzen Raum.«). Wir erklären Projekte, wir erklären Prozesse, wir beschreiben andere Leute mittels ihrer Größe, Form, Farbe.

Das ist gut, aber wenn du nur den visuellen Sinn ansprichst, verpasst du 80 Prozent der sensorischen Welt deines Publikums.

FLORIAN

Sie arbeitete für einen globalen Automobilzulieferer. Sie lächelte, sie sprach deutlich, sie hatte eine große Portion Charisma. Mit leuchtenden Augen präsentierte sie eines der wichtigsten Recruitingevents des vergangenen Jahres: eine Jobmesse am Hockenheimring, der Formel-1-Rennstrecke.

Mit ihrem einnehmenden Lächeln und leuchtenden Augen erklärte sie uns die Veranstaltung: »Unser 25-Quadratmeter-Stand war ziemlich klein im Vergleich zu den Ständen der großen Automarken. Wir hatten eine menschliche Autocrashpuppe vor Ort, und Interessenten konnten sich bei uns bewerben. Nächstes Jahr wollen wir wieder teilnehmen.«

Als sie mit ihrem Vortrag fertig war, setzte sie sich wieder, um Feedback zu erhalten. Wir besprachen alle positiven Aspekte ihrer Rede, dann leitete ich über zu den konstruktiven Kommentaren.

Ich schaute sie an und sagte: »Bevor wir anfangen, kannst du bitte noch mal herkommen?« Verblüfft kehrte sie zurück zur Bühne. »Keine Sorge«, meinte ich zu ihr, »es ist nichts Schlimmes.« Die anderen fünf Teilnehmer, darunter zwei Slowaken, kicherten.

Dann fuhr ich fort: »Kannst du die Situation auf der Jobmesse für uns nacherleben? Was hast du gehört? Was hast du gesehen? Was hast du gerochen?

Erzähl uns die Situation nicht, erleb sie mit uns nach!«

Sie dachte einen Moment lang nach. Dann:

»Es ist ein sonniger Tag, nicht zu heiß, um die 23 Grad. Ich sehe junge Männer, 18 bis 19 Jahre alt. Viele von ihnen tragen Rennanzüge. Da ist dieser andauernde Motorenlärm. Unser Stand ist der kleinste. Neben den riesigen Ständen von Mercedes-Benz und BMW fühlt sich unserer an wie ein Zelt in Manhattan. Ich erinnere mich an diesen Geruch: eine Mischung aus Benzin und Popcorn.«

Wow, was für ein Unterschied! Jetzt sind wir Teil der Geschichte. Jetzt sind wir auf der Jobmesse an der Rennstrecke. Wir sehen, riechen und hören die Situation.

Warum ist es so wichtig, verschiedene Sinne anzusprechen? Unsere Sinne sind Schatztruhen von Erinnerungen. Wenn du mit den Sinnen der Leute sprichst, löst du Emotionen aus.

Wenn du eine Geschichte in deinen Vortrag integrieren willst, beantworte diese fünf Fragen:

- Was habe ich gesehen?
- Was habe ich gehört?
- Was habe ich gerochen?
- Was habe ich angefasst?
- Was habe ich geschmeckt?

Du musst nicht immer alle fünf Sinne in deinen Geschichten verwenden. Doch ist es eine gute Übung, weil sie dich zwingt, mehr an Details zu denken. Diese Details sind einprägsamer und erwecken deine Geschichten zum Leben.

In unserem Beispiel deiner Reise nach Mexiko könntest du dir folgende Gedanken machen:

Sicht	Fleißige Arbeiter
Klang	Maschinen
Geruch	Ölgeruch in der Fabrik
Tasten	Schmieriger Türgriff
Geschmack	Chilischote

Aber eine gute Beschreibung ist nicht genug für eine Geschichte. Du brauchst mehr. Etwas muss passieren, um das Leben des Protagonisten zu erschweren.

Zutat 4: Herausforderung

Luke Skywalker steht vor der Herausforderung, das böse Imperium zu besiegen. Frodo muss einen Ring zerstören. Marlin muss seinen Sohn Nemo wiederfinden. Sie alle stehen vor einer Herausforderung. Die Herausforderung macht aus einer gewöhnlichen Geschichte eine unwiderstehliche.

In unserem Beispiel ist deine Herausforderung, das Werk in Mexiko auf Vordermann zu bringen.

Zutat 5: Kampf

Willst du nur die letzten Szenen von *Krieg der Sterne, Der Herr der Ringe* oder *Findet Nemo* schauen? Nein! Das Publikum liebt den Kampf. Sie wollen deine Anstrengung, deinen Kampf erleben. Diesen heiligen Moment der Verbindung mit deinem Publikum darfst du nicht verpassen. Dieser Punkt ist so fundamental, dass wir näher darauf eingehen wollen.

Das Konzept des Sich-Abquälens versteht jeder Erfolgsautor par excellence. Einer dieser Autoren war der Amerikaner Kurt Vonnegut.

Vonnegut war einer der intelligentesten, geistreichsten und beliebtesten Schriftsteller Amerikas. In einem wundervollen Video (bit.ly/1Mdj1nI) beschreibt er die Handlungsstränge von drei Geschichten. Die Geschichten unterscheiden sich voneinander, sind aber auf eine Art gleich. An einem Punkt passiert den Helden der Geschichten ein Missgeschick. Am Ende wird alles wieder gut, aber nicht bevor sie mit ihrem Schicksal kämpfen mussten.

Ein Publikum liebt diese Art von Geschichten. Der Kampf hält unsere Aufmerksamkeit fest. Wir leiden mit dem Helden auf seinem Weg der Qualen, wir hoffen, dass er sie am Ende übersteht, und jubeln mit ihm, wenn er es schließlich geschafft hat. Aber diese Art von Geschichte existiert nicht nur in Märchen. Sie ist auch ein sehr realer Teil der Geschäftswelt.

Wir können die Wichtigkeit des Konzepts des Kampfes nicht überbetonen. In ihrem *Harvard Business Review*-Artikel »To Tell Your Story, Take a Page from Kurt Vonnegut« (bit.ly/2g9WbZX) schreibt Andrea Ovans:

> »... so viele Erfolgsgeschichten im Business folgen Mustern der in unseren westlichen Gesellschaften verankerten ursprünglichsten literarischen Konventionen. Es ist einfach zu verstehen, warum das Neukombinieren bestimmter Einzelheiten und Versatzstücke, um solche Geschichten zu er-

zählen, so verlockend ist: vom Tellerwäscher zum Millionär, behobene Fehler, überwundene Herausforderungen, die richtigen Ressourcen und Kontakte, um die Lage zu retten.«

Wer musste noch nie in seinem Leben kämpfen? Wir haben jahrelang mit Geschäftsleuten gearbeitet und sind erstaunt darüber, dass Menschen die schweren Stunden ihrer Karriere nicht mit anderen teilen. Wenn wir dann Details herauskitzeln, entdecken wir umwerfende Anekdoten. Rede offen über deine Kämpfe!

In unserem Beispiel triffst du auf den Widerstand der lokalen Mitarbeiter. Du versuchst, ihnen zu erklären, wie die Dinge funktionieren sollten, aber nichts ändert sich bis zum Moment des Durchbruchs. Dieser Moment ist der Höhepunkt deiner Geschichte.

Zutat 6: Höhepunkt

Der Höhepunkt ist der Moment in einem Film, auf den jeder gewartet hat. Der Mörder ist entlarvt! Der Asteroid, der die Erde zu vernichten drohte, ist zerstört! Die Liebenden sind wieder vereint!

Alles führt zu diesem Moment. Manchmal ist das Ergebnis ein Erfolg, manchmal eine Niederlage. Aber es ist der Moment, in dem sich der Kampf oder Konflikt auflöst, so oder so.

In unserem Beispiel hast du Probleme bis zu dem Tag, als dich der Werksleiter José zur Seite nimmt und dir erklärt, dass die Standardvorgaben von der Zentrale in Mexiko nicht funktionieren können. Wenn du einige dieser Vorgaben leicht abändern würdest, würde alles viel besser laufen. Du akzeptierest die Änderungen und bist überrascht von den positiven Ergebnissen.

Zutat 7: Lektion

Ist der Höhepunkt das Ende des Films? Selten. In den meisten Filmen folgt der Klimax der *Dénouement,* ein Moment der Reflextion, in dem die Geschichte »entknotet«, aufgelöst wird. An diesem Punkt des Films lernt der Protagonist, und somit das Publikum, eine Lektion.

Du überstehst den Kampf und landest auf »der anderen Seite«. Deine Erfahrung hat dich etwas gelehrt, das von Vorteil für dein Publikum ist. Diese letzte Zutat für deine Geschichte ist der größte Geschmacksverstärker. Solche Lektionen schmecken einem Publikum immer gut.

Die Lektion in unserem Beispiel ist, dass du Probleme mit Produktionsstätten in anderen Ländern nicht immer mit E-Mails aus der Zentrale lösen kannst. Hingehen und den lokalen Mitarbeitern zuhören ist produktiver. Manchmal sind Präsenzmeetings der beste Weg.

Voilà! Ein Zeitpunkt, ein Hauptdarsteller, die Situation, eine Herausforderung, ein Kampf, der Höhepunkt und eine Lektion. Du hast jetzt sieben Zutaten für eine spannende Geschichte.

Sehen wir also, wie deine Mexiko-Geschichte aussehen könnte:

> »Vor zwei Jahren kam meine Chefin, Frau Müller, wie immer perfekt gekleidet, zu mir ins Büro. Sie schaute mich mit ihrem durchdringenden Blick an und meinte: ›Martin, die Situation in Mexiko wird einfach nicht besser. Sie antworten nicht mal mehr auf meine E-Mails. Wir wollen, dass du da hinfliegst und die Sache vor Ort regelst.‹
>
> Zwei Tage später schritt ich durch das Eingangstor des Werks. Es roch nach Öl. Ich schlängelte mich durch die

hämmernden und zischenden Maschinen bis zum Büro von José, dem groß gewachsenen, Schnauzer tragenden Werksmanager.

Ich kannte José nicht persönlich. Unser erstes Treffen verlief freundlich, aber kühl. Ich sagte zu ihm: ›Schau, José, unser Vorstand hat mich hergeschickt, um sicherzustellen, dass ihr die Standardproduktionsvorgaben einhaltet und die Produktion wieder auf Planniveau steigt.‹

Begleitet von einem Übersetzer sprach ich die nächsten Tage mit vielen Mitarbeitern im Werk über die Wichtigkeit der Standardvorgaben und die Produktionssteigerung. Aber jeder stellte sich vehement gegen meine Argumente. Es war frustrierend.

Eines Tages nahm mich José zur Seite und sagte: ›Lass uns was essen gehen.‹ Zu diesem Zeitpunkt kannten wir uns schon besser und die Beziehung war warmherziger. Während unseres Mittagessens, die Chilischoten brennen immer noch in meinem Mund, öffnete sich José.

Er erklärte mir, dass einige der Standardvorgaben der Zentrale in seinem Werk einfach nicht umsetzbar seien. Keiner hatte ihn vorher konsultiert. Mit den bestehenden Prozessvorgaben *musste* das Produktionsniveau fallen. José meinte, wenn er einige Prozesse leicht abändern könnte, würden sich die Dinge wieder normalisieren.

Ich war bereit für alles, also stimmte ich zu. Und es funktionierte! Die Produktion stieg, bis sie nach nur zwei Wochen das Planniveau erreichte.

Am Tag, an dem ich zurückflog, umarmte mich José und schenkte mir ein Glas Chilischoten. Beim Abschied meinte er: ›Ich hab versucht, der Zentrale die Prozessproblematik klarzumachen. Aber sie wollten nicht zuhören. Ich bin froh, dass du gekommen bist und uns zugehört hast.‹

Ich habe zwei Dinge auf meiner Mexikoreise gelernt. Erstens: Manche Dinge können nicht übers Telefon gelöst werden. Du musst hingehen und dic Leute treffen. Zweitens: Eine Zentrale muss führen, aber sie muss auch lokalen Kräften zuhören, um sie besser zu verstehen.«

Dies ist eine relativ lange Geschichte. Sie würde bei einem Vortrag einige Minuten in Anspruch nehmen. Aber es ist eine gute Geschichte für unser hypothetisches Beispiel, in dem du auf einer Konferenz über die Herausforderungen und Vorteile, in einem multikulturellen, internationalen Unternehmen zu arbeiten, sprechen sollst.

Geschichten sind ein wunderbares Werkzeug, Verbindung mit deinem Publikum herzustellen. Trotzdem müssen wir beide ständig mit Geschäftsleuten »kämpfen«, damit sie mehr Geschichten in ihren Präsentationen erzählen. Sie stecken in ihrem Sumpf von Standard-Slides fest. Wir lieben Folien. Das haben wir bereits im Detail erörtert. Aber eine gute Geschichte wird ein gutes Slide schlagen – jederzeit!

JOHN

Maddalena ist Expertin für psychosoziale Rehabilitationsprogramme für schutzbedürftige Gemeinschaften. Für die Vereinten Nationen, Nichtregierungsorganisationen und Unternehmen hat sie solche Programme in der ganzen Welt geleitet.

Vor einigen Jahren managte Maddalena verschiedene von einer privaten Stiftung finanzierte Programme. Sie suchte nach Unterstützung bei der

Vorbereitung einer Präsentation, die sie auf einer wichtigen Konferenz halten musste. Sie würde in einem Panel mit drei anderen Leuten sitzen, die ähnliche Projekte bei anderen Stiftungen verantworteten.

Jeder Panelteilnehmer würde 15 Minuten haben, um die Arbeit seiner Stiftung vorzustellen. Maddalena war die Jüngste im Panel, sie hatte die geringste Erfahrung und sie würde als Letzte reden.

Ich schlug ihr vor, eine Geschichte zu erzählen, die den Kontext ihrer Arbeit wiedergeben würde. Sie war gerade von einer Äthiopienreise zurückgekehrt, wo sie ein Projekt managte. »Erzähl mir was von deiner Reise«, bat ich sie.

Nach einigen Sekunden, antwortete sie: »Mir fällt nichts ein.«

Ich wusste: Das war unmöglich. Also blieb ich am Ball. »Komm schon. Erzähl mir, was du am ersten Tag gemacht hast.«

Sie dachte einen Moment nach. Dann erzählte sie mir, dass sie am ersten Tag ein Meeting in einem Krankenhaus in Addis Abeba hatte, das Leute mit psychosozialen Problemen behandelt. Es regnete in Strömen, und als sie ankam, musste sie einen offenen Innenhof überqueren, der zum Büro des Direktors führte. Maddalena begann zu rennen, doch dann stoppte sie.

Dort, in diesem großen Innenhof, standen im strömenden Regen still und leise 500 Menschen. Sie

warteten auf ihren Termin mit einem Arzt. Einige von ihnen waren tagelang in Begleitung von Verwandten für die Behandlung marschiert.

Ich erstarrte. »Das ist es!«, rief ich.

Sie schaute mich verblüfft an. »Was meinst du?«, fragte sie.

Ich antwortete, »Wir haben gerade deine Geschichte gefunden.«

An der Konferenz gaben die anderen drei Panelteilnehmer ihre Standard-PowerPoint-Präsentationen. Dann war Maddalena an der Reihe. Sie schritt zum Mikrofon und blickte ins Publikum. Keine Slides. Ihre ersten Worte waren: »Es regnete an dem Tag, als ich am Krankenhaus ankam.«

200 Augenpaare waren gebannt, und sie hielt sie 15 Minuten lang fest. Im Anschluss sagten ihr Leute aus dem Publikum, dass sie ihre Rede nie vergessen würden.

Denk an eine Zeit, in der du auf der Arbeit vor einer Herausforderung gestanden bist. Vielleicht war es ein schwieriger Kunde, vielleicht gab es Probleme mit der Herstellung eines Produkts, vielleicht trieb dich ein neuer Technologiesprung an den Rand der Verzweiflung. Folge dem Rezept und schreibe eine Geschichte darüber mit den sieben Zutaten:

1. Zeitpunkt
2. Hauptdarsteller
3. Situation
4. Herausforderung

5. Kampf
6. Höhepunkt
7. Lektion

Wir haben das Reden auf der Bühne diskutiert, und wir haben über das Reden vor einer Kamera besprochen. Aber technologische Entwicklungen werden die Zukunft des Präsentierens noch aufregender und anspruchsvoller gestalten.

Teil VI: Zukunft

William Gibson, ein amerikanisch-kanadischer Schriftsteller, der den Begriff »Cyberspace« geprägt hat, sagte: »Die Zukunft ist bereits hier – sie ist nur noch nicht besonders gleich verteilt.«

Als dieses Buch in Druck ging, hätte das Gleiche über bestimmte Technologien gesagt werden können, die einen großen Einfluss auf die Zukunft visueller Präsentationen haben werden. Sie werden noch nicht in der Breite genutzt, aber sie sind hier und ihr Einfluss wächst. Nachfolgend betrachten wir zwei von ihnen: Hologramme und virtuelle Realität.

Hologramme

»Helft mir, Obi-Wan Kenobi! Ihr seid meine letzte Hoffnung!« Wir erinnern uns noch gut an Prinzessin Leias Bitte im allerersten *Krieg der Sterne*-Film aus dem Jahr 1977! Gerade als Obi-Wan Luke Skywalker die Geschichte der Jedi-Ritter, der Macht und der dunklen Seite erzählt, projiziert R2-D2 eine aufgenommene Nachricht, in der Leia als Hologramm erscheint (bit.ly/1LwbDJr). Es war ein filmischer *Wow!*-Moment.

Am 4. November 2008, während einer Berichterstattung über die Wahlen in der USA, nutzte CNN ein Hologramm, um eine Debatte zu ermöglichen. CNN beamte ein Hologramm der Korrespondentin Jessica Yellin, die physisch in Chicago war, in das New Yorker Studio von CNN, wo sie ein Gespräch mit CNNs

Nachrichtensprecher Wolf Blitzer führte (bit.ly/2hJJPVc). Es war eine Internetsensation.

Dieser Tage schreitet holografische Technologie schnell voran und hat die Welt der Präsentationen bereits erreicht. 2013 erhielt Partho Sengupta, ein Arzt am Mount Sinai Hospital in New York, stürmischen Applaus für seinen Vortrag auf einem wichtigen Medizinkongress (bit.ly/2aHM77Z).

Sengupta, der über die zukünftige Arbeit von Herzspezialisten spricht, verwendet Hologramme von Tabellen, Bildern und Animationen, um seine Meinung zu unterstützen, wie Technologie das Feld der Kardiologie revolutioniert. Senguptas Vortrag enthält sogar eine interaktive Diskussion mit der holografischen Projektion seines Mentors, James Seward, dem früheren Leiter der Abteilung für Echokardiografie an der Mayo-Klinik in Rochester, Minnesota.

Zu der Zeit, als wir dieses Buch schrieben, hatte (noch) keiner von uns beiden Erfahrung mit holografischen Präsentationen. Aber wir sind begeistert von den Möglichkeiten. Wir können schon den Tag sehen, an dem du physisch an einem Ort bist, aber auf einer Bühne präsentierst, die Tausende von Kilometern entfernt liegt. Es wird nicht aufregender sein, als ein Flugzeug am Himmel zu sehen oder auf WhatsApp zu chatten.

Allerdings gelten auch weiterhin – mit Ausnahme des sich Gewöhnens an neue Technologien – die gleichen Prinzipien, die wir in diesem Buch diskutiert haben. Ein schlecht vorbereiteter und schlecht dargebotener Vortrag wird via Hologramm nicht besser sein als ein schlecht vorbereiteter und schlecht dargebotener Vortrag vor einem Livepublikum.

Aristoteles' Weisheit wird in der digitalen Welt genauso relevant sein wie im alten Griechenland.

Virtuelle Realität

Wenn wir über Filme reden, welche die Welt der virtuellen Realität (VR) abbilden, schwebt für uns einer über allen anderen: *Matrix*, der Klassiker aus dem Jahr 1999. Heute betrachten Kritiker den Film als einen der besten Science-Fiction-Filme aller Zeiten.

In einer Szene nimmt Morpheus Neo zum ersten Mal nach dessen Befreiung mit in die Matrix und erklärt ihm, was die Matrix ist (bit.ly/2imZnPE). An diesem Punkt geht Neo hinüber zu einem alten, roten Sessel, fasst ihn mit seinen Händen an und fragt: »Das ist nicht real?«

Morpheus antwortet:

> »Was ist die Wirklichkeit? Wie definiert man das, Realität? Wenn du darunter verstehst, was du fühlst, was du riechen, schmecken oder sehen kannst, ist die Wirklichkeit nichts weiter als elektrische Signale, interpretiert von deinem Verstand.«

(Erinnerst du dich an unsere Empfehlung, die Sinne des Publikums anzusprechen?)

Heute ist die virtuelle Realität eine Realität. Mit immer besserer und immer günstigerer VR-Technologie werden immer mehr Menschen immer mehr Zeit in virtuellen Welten verbringen. Ohne Frage, einen Großteil dieser Zeit werden sie in Filme und Spiele investieren, aber VR hat viele Anwendungsbereiche. Und ja, VR »erobert« auch die Welt der Präsentationen.

Quelle: Todd Quackenbush, unsplash.com

Ein Beispiel. Wir haben eine App der Firma VirtualSpeech getestet: *Public Speaking VR* (bit.ly/2indlRq). Zum Zeitpunkt des Erscheinens dieses Buchs konnte man die App kostenlos downloaden (iOS, Android und Gear VR). Mit einem Smartphone und einem *Google Cardboard Viewer* (bit.ly/1LWsIIk) haben wir die App ausprobiert.

Die App bietet realistische VR-Szenarien für verschiedene Vortragssituationen. Als wir sie testeten, konntest du zu vier Personen in einem Jobinterview sprechen, zu elf Leuten bei einem Businessmeeting, zu 20 Leuten bei einem Geschäftsessen und zu 92 Leuten in einem Konferenzsaal. Und die Leute bewegen sich. Es ist kein statisches Bild. Du kannst deine eigenen Slides hochladen und auf der virtuellen Leinwand hinter dir betrachten und weiterklicken, während du redest. Vor dir siehst du einen Timer.

Für Leute, die für einen wichtigen Vortrag Extrarunden der Vorbereitung laufen wollen, bieten Apps wie die von VirtualSpeech interessante Möglichkeiten. Und diese Apps werden mit immer besserer Technologie immer realistischer.

Wir können den Tag schon sehen, an dem, genauso wie Hologramme einen Redner zum Publikum bringen können, VR das Publikum zum Redner bringen wird. Wenn du darüber nachdenkst: Ist das Konzept wirklich so anders, als vor einem Raum voller Leute via Skype zu sprechen?

Aber egal ob Gegenwart oder Zukunft, egal, ob du auf einer Bühne zu einem Publikum sprichst oder zu Hause am Rechner in die Kamera, es wird immer ein magisches Element geben, das einen guten Vortrag von einer großartigen Präsentation mit TED-Effekt unterscheidet.

Das magische Element

November 2016. Eine spezielle Person leitet einen Workshop. Ihr Name ist Michael, aber jeder, der sich mit Straßenfestivals quer durch Europa beschäftigt, kennt Michael unter seinem Künstlernamen Gromic (gromic.eu). Gromic ist ein *Silent Clown*. Michael hat diese Rolle mehr als ein Jahrzehnt lang gespielt und perfektioniert.

In diesem Workshop ist Michael nicht Gromic. Bei dieser Gelegenheit ist er einfach nur Michael. Aber er ist gekommen, um etwas ganz Spezielles zu teilen. Etwas, das, wenn du es zu meistern gelernt hast, unglaublich mächtig ist. Es wird dich mehr als alles andere mit deinem Publikum verbinden. Und wenn du es mit all den Tipps und Techniken in diesem Buch vereinst, wirst du dein Public Speaking und deine visuellen Präsentationen auf ein ganz neues Niveau heben.

Michael spricht über Inhalt, das Material, das jeder Vortrag braucht, Dinge, die wir in diesem Buch besprochen haben. Michael spricht über die Form, die Art, wie wir unsere Inhalte an unser Publikum vermitteln. Seine Darbietung haben wir im Detail diskutiert. Dann fragt er uns: »Aber sind es wirklich der Inhalt und die Form, die am wichtigsten sind?«

In diesem Moment zieht er eine kleine Musikbox aus seiner Tasche. Er schaut uns an, macht eine lange Pause und fährt mit seinem sympathischen belgischen Akzent fort: »Seht ihr, diese kleine Musikbox hat Inhalt. Diese kleine Musikbox hat eine Form. Aber was all die Magie schafft ...« Er pausiert, während er anfängt, das kleine Rädchen zu drehen und uns die ersten

Klänge der Musik in Gedanken wegtragen. »Was all die Magie schafft«, fährt Michael fort, »bist du!«

Du bist die Magie. Du bist das magische Element, jedes Mal, wenn du vor Menschen präsentierst, egal, ob sie vor dir in einem Saal sitzen oder rund um den Globus vor ihren Rechnern. Du bist der TED-Effekt.

Dieses Buch kann dir mit deinen Inhalten helfen. Es kann dir helfen, deine Inhalte besser zu vermitteln. Aber am Ende des Tages machst du den ganzen Unterschied. Wenn du auf diese Bühne steigst, sei es der rote runde Teppich von TED, ein Industrieevent oder das Besprechungszimmer des Vorstands, wenn du einen Unterschied machen willst, musst du im Moment präsent sein. Vergiss die Vergangenheit und vergiss die Zukunft.

Heute sprechen Leute viel von Achtsamkeit, darüber, im Moment zu »sein«. Public Speaking ist Achtsamkeit. Teile deinen Inhalt und teile deine Vision, aber sei präsent im Moment. Gib alles, was du hast. Geh »all in«. Sei die Magie.

Jetzt bist du bereit! Du hast eine Werkzeugkiste voller Ideen und Techniken, die du in deiner nächsten Präsentation anwenden kannst, ob auf der Bühne oder vor der Kamera oder beides.

Wir sind gespannt auf deinen Vortrag!

Live oder im Internet, wir freuen uns auf deinen TED-Effekt!

Anhang

Florian Mück – TEDxBarcelona, 7. Juli 2010

Wie wir ein Gemeinschaftsgefühl in Europa wecken können

Im Oktober 2006 hatte ich eine Idee, eine absurde Idee. Aber wie sagte Albert Einstein so schön: »Wenn eine Idee am Anfang nicht absurd klingt, dann gibt es keine Hoffnung für sie.«

Die Idee war es, ein europäisches Kulturfestival – *The Festival. One Week, One Europe.* – im Zentrum Berlins zu organisieren. Es würde ein großes Kulturfestival für Europaliebhaber sein. Leute würden von überall nach Berlin kommen, um die europäische Idee gemeinsam zu erfahren und zu feiern.

Am 7. Juli 2010 konnte ich einen TEDx-Talk über die Idee in Barcelona geben. Zwei Jahre später mussten meine Partner und ich das Projekt aus finanziellen Gründen leider einschlafen lassen. Aber noch heute profitiere ich vom TED-Effekt. In meinen Trainings nutze ich meinen Talk zu Demonstrationszwecken. Wenn Unternehmen meine Leistungen anfragen, sende ich ihnen immer den Link zu meinem TEDx-Talk. Und in Kuala Lumpur konnte ich auch deswegen präsentieren.

Bevor du weiterliest, schau dir bitte den Talk an: bit.ly/2hvVlCT. Der Vortrag ist auf Spanisch, aber du kannst ihn mit deutschen Untertiteln ansehen.

Schritt 1: Terrain

Redner – Thema

Es war meine Idee. Ich hatte fünf Partner aus Berlin überzeugt, mit an dem Projekt zu arbeiten. Vier Jahre lang hatte ich an *The Festival* gearbeitet. Ich hatte am europäischen Austauschprogramm ERASMUS teilgenommen. Ich hatte diese europäische Zusammengehörigkeit, um die sich das ganze Projekt drehte, erlebt, gelebt und geliebt. Ich hatte die Idee Hunderte Male mit Menschen aus ganz Europa diskutiert. Ich kannte und brannte für mein Thema mit Leidenschaft.

Publikum – Thema

Was wusste das Publikum über mein Thema? Nicht viel. Obwohl wir bereits vier Jahre lang an dem Projekt gearbeitet hatten, wussten nur wenige Leute in Barcelona davon. Das war eine Herausforderung. Ich würde *The Festival* sehr gut erklären müssen.

Redner – Publikum

Was wusste ich über mein Publikum? José Cruset, der Kurator des Events, meinte zu mir: »Da werden ungefähr 700 Leute da sein.« Ich dachte: »Was für Leute werden das sein?« Kreative Leute, Freelancer und Selbsthilfefans, offen für neue Ideen. Die meisten von ihnen würden Katalanen sein, und Katalanen sind eher proeuropäisch.

Was wussten sie über mich? Nichts. Ich würde mein *Ethos*, meine Glaubwürdigkeit als Redner, aufbauen müssen.

Schritt 2: Ziel

Mein Ziel war kristallklar: Mein Publikum – offline und online – zu animieren, beim *The Festival*-Movement mitzumachen! In diesem Buch hast du um die Macht des ersten Schrittes gelernt. Ich brauchte eine einfache, spezifische und symbolische Aktion!

»Besucht Berlin, wenn *The Festival* läuft!«? Nichts würde passieren.

» Erzählt euren Freunden von *The Festival*!«? Nichts würde passieren.

» Likt die *The Festival*-Seite auf Facebook!«? Genau das wollte ich mit meinem TEDx-Talk erreichen.

Schritt 3: Botschaft

Europäer kennen sich nicht! *The Festival* ist die Plattform, um sich kennenzulernen. Darum ging dieser Vortrag.

Wenn ich den Talk noch mal halten würde, wäre ich deutlicher. Ich würde meine Botschaft greifbarer machen (zum Beispiel: »*The Festival* ist ERASMUS für alle!«) und öfter wiederholen. Barack Obama hat »Yes, we can!« schließlich auch nicht nur einmal gesagt.

Step 4: Relevanz

Ich erstellte eine Liste von Gründen, warum die Idee dem Publikum am Herzen liegen sollte:

- Eine neue Art, Europa zu sehen
- Die gemeinsame Liebe zu Europa
- ERASMUS für jeden
- Gemeinsame Interessen und Werte
- Barcelona als zukünftige Gastgeberin
- Sie können mitmachen

Während meiner Rede deckte ich all diese Aspekte ab. Und ich nutzte eine Technik, die das Thema noch relevanter für das Publikum machte: die geschlossene Frage. Bei 1 Minute und 45 Sekunden fragte ich das Publikum: »Was ist mit euch? Liebt ihr Europa?«

Es wäre eine gefährliche rhetorische Frage an ein nationalistisch-populistisches Publikum gewesen. Aber dank des ersten Schrittes – »Kenne dein Terrain« – hatte ich ein Gefühl für mein Publikum.

Ihr schallendes »Ja!« war der beste Indikator für Relevanz.

Schritt 5: Struktur

Meine Einleitung hatte fünf Elemente.

Erstens wollte ich die uneingeschränkte Aufmerksamkeit des Publikums. Zusammen mit einem amerikanischen Musikproduzenten aus Berlin, Leon Larkin, hatten wir einen Song für *The Festival* komponiert (bit.ly/2jsnz5Z). Ich stieg rappend in meinen Vortrag ein, und das Publikum war definitiv voll dabei.

Zweitens fragte ich eine Serie von rhetorischen Fragen, um das Thema Europa relevant zu machen.

Drittens vereinfachte ich das Problem mittels der Metapher Fußball. Europa als Fußballmannschaft, in dem sich die Spieler nicht kennen. Und wenn sich die Spieler nicht kennen, wird das Team schlecht spielen.

Viertens: Neue Ideen haben mehr Überlebenschance, wenn es einen *proof of concept* gibt, ein vergleichbares erfolgreiches Projekt. Ich benutzte meine persönliche ERASMUS-Erfahrung als ein Beispiel für erfolgreiche europäische Zusammengehörigkeit.

Fünftens: die Lösung. Ein Kulturfestival, auf dem Leute aus ganz Europa zusammenkommen und den europäischen Geist gemeinsam erleben.

Bei den Säulen entschied ich mich für einen einfachen Ansatz. Ich verwendete die typischen W-Fragen:

- Wann wird es stattfinden?
- Wo wird es stattfinden?
- Warum sollten die Zuhörer hingehen?
- Wer geht generell hin?
- Wie werden wir es umsetzen?

Für mein Dach, den Schluss der Rede, griff ich die Fußball-Metapher erneut auf und teilte unsere Vision. Dann, für die Handlungsaufforderung, lud ich das Publikum ein, bei unserer europäischen Bewegung auf Facebook mitzumachen, bevor ich das Dach mit meinem persönlichen Traum, *The Festival* eines Tages nach Barcelona zu holen, dicht machte.

Jetzt fehlte nur noch das Regenrohr. Ich startete meinen TEDx-Talk mit dem Lied »I am European«. Mein letzter Satz war: »Ich sehe sie, diese Tausenden und Tausenden und Tausenden von Europäern, wie sie alle in Berlin zusammenkommen und singen: ›Ja, wir sind Europäer!‹«

Hier ist das Speech Structure Building zu meinem TEDx-Talk:

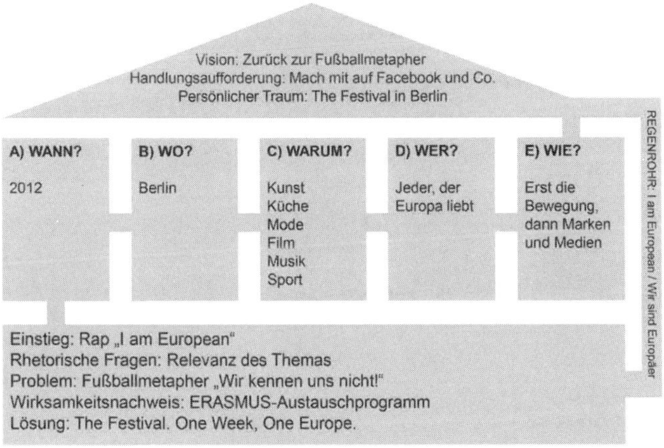

Jetzt hatte ich die Basisstruktur für meine Präsentation. Es wurde Zeit, das Gebäude mit Inhalten zu dekorieren. Inspiriert von Aristoteles' Weisheit, fügte ich Elemente von Logos, Ethos und Pathos hinzu.

Logos

Fakten	03:45 – »Die Feiern anlässlich der Römischen Verträge am 25. März 2007 …« 06:10 – »Berlin hat alles …« 09:54 – »Eine Bewegung wächst durch die Menschen, die an dieselbe Idee glauben.« 10:52 – »…, die diese Bewegung bereits unbezahlt unterstützen.« 13:27 – »Dieses Projekt ist für alle.« 13:44 – »Dieses Projekt startete in Barcelona.« 14:08 – »… wie sie [Barcelona] es in der Vergangenheit bewiesen hat.«
Zahlen	08:18 – »18 bis 40.« 10:38 – »12 Millionen Alben.« 10:48 – »45.000 Menschen.« 11:14 – »1.328.«
Rhetorische Fragen	04:01 – »Ist das der wirkungsvollste Ansatz, einen gemeinsamen Geist zu schaffen?« 08:45 – »Werden wir den Gentleman aus Indien ausschließen?« 10:58 – »Aber sind das die wichtigsten Menschen dieser Bewegung?«
Beispiele	03:09 – »Der Belgier, der mit dem Bayern darüber streitet, wer das bessere Bier braut.« 07:32 – »So wie die Filme von Almodóvar oder *Das Leben ist schön*.« 08:23 – »Ein Gentleman aus Indien …«
Demonstration	01:54 – Der Reisepass als Gegenstand.

Ethos

Reputation	00:20 – Rappen des Songs »I am European«. 01:17 – »Ich liebe Europa.« 02:49 – Die ERASMUS-Story. 13:37 – »Ich bin seit sieben Jahren Bürger dieser großartigen Stadt.«
Gemeinsamkeiten	01:21 – »Und ihr? Liebt ihr Europa?« 01:26 – Ein gemeinsamer »Feind«. 02:56 – »Wer von euch hat am ERASMUS-Programm teilgenommen?«
Zitate	04:46 – Albert Einstein: »Wenn eine Idee am Anfang nicht absurd klingt, dann gibt es keine Hoffnung für sie." 05:30 – Volksweisheit: »Eile mit Weile.« 11:54 – Der deutsche Botschafter in Spanien: »Das müssen Sie machen!«
Interaktion	09:27 – »Hier sitzt irgendwo Tony Anagor, ein Freund von mir.« 10:10 – »Du, du fragst dich …« 10:28 – »Colin, du bist aus Afrika …« 12:55 – »Nachdem Carlito hier gesagt hat …«

Pathos

Vision und Träume	11:44 – »Was ist unsere Vision?« 12:29 – »Das ist unsere Vision: Spieler zu haben, die sich kennen.« 13:33 – Persönlicher Traum. 14:24 – Europäer, die zusammen singen.
Metaphern	01:47 – Fußball. 07:07 – »Brot und Spiele.« 12:19 – Fußball.

Humor	02:49 – »Und dieses Team heißt … ERASMUS.« 02:52 – »Ja, ich bin ein Opfer des ERASMUS-Programms.« 05:22 – »Ihr wollt hingehen, richtig?« 05:46 – »Wir gehen auf Juli … 2012.« 06:03 – »… eine Stadt wie … Berlin.« 06:17 – »Es gibt mehr Spanier dort als in Saragossa.« 06:24 – »Ich weiß es nicht sicher, aber so fühlt es sich an.« 07:57 – »Es ist eine gute Initiative.« 08:06 – »Wer geht da hin?« 10:16 – »Und wo ist U2?« 10:20 – »Mann, kann man auf diesem Planeten keine Bewegung ohne U2 starten?« 10:34 – »Wir fokussieren Europa.« 11:04 – »Wenn ich so frage, dann nicht.« 11:57 – »Sehr gut, so haben wir angefangen.« 12:11 – »Wir [Deutsche] sind sehr gut im Bauen von Autos und im Organisieren von Events.« 13:10 – »Ich werde euch einladen, Gärtner zu sein.« 13:58 – »Vielleicht 2014 …«
Geschichten	06:46 – »Warum sollte ich hingehen?« 07:57 – Dialog mit Taxifahrern. 08:32 – Kommentar des indischen Gentleman: »Ich fühle mich auch europäisch …« 09:13 – »Zwei Jahre lang schlagen wir uns jetzt schon mit Marken und Medien herum, um es zu realisieren.« 09:33 – »Jungs, was ihr macht, ist kein Event; es ist ein Movement.« 11:11 – »Wie viele Fans auf Facebook habt ihr?« 11:54 – »Das müssen Sie machen!«

Bei der Veröffentlichung dieses Buchs waren sechs Jahre seit meinem TEDx-Talk vergangen. Wenn ich ihn heute noch mal gäbe, würde ich zwei Dinge anders machen.

Erstens würde ich einige Statistiken und Forschungsergebnisse einbauen, um mein Logos, die logische Argumentation, zu stärken.

Zweitens würde ich Verletzlichkeit zeigen. An einer Stelle sage ich: »Zwei Jahre lang schlagen wir uns jetzt schon mit Marken und Medien herum, um es zu realisieren.« Heute würde ich sagen: »Es ist hart, immer wieder abgelehnt zu werden. 1,27 Euro in der Tasche. Ich kann mir kein Taxi leisten zur nächsten Ablehnung. Meine Freunde und Familie verlieren langsam den Glauben an mich. Ich gehe trotzdem weiter: abgelehnt, enttäuscht, aber mit Hoffnung.«

Step 6: Slides

Hier ist der Folienfluss für meinen TEDx-Talk. Du kannst die richtigen Slides im Video sehen.

Intro-Video	Fußballbild	ERASMUS-Bilder
	The Festival Logo	2012
Brandenburger Tor	Sechs Themen	»For everyone who feels European«
»Guys, what you're doing, is not an event – It's a movement!«	Bilder von lokalen Stars	Facebook-Fans
Wachsendes Gras	Fußballplatz	Barcelona

Nach diesen sechs Schritten war mein TEDx-Talk vorbereitet. Danach begann das Üben, das Coaching-Erhalten, mehr Üben, Die-Technik-kennen und Verstehen und mich Mit-der-Bühne-vertraut-machen. Aber das weißt du ja schon alles!!

John Zimmer – TEDxLausanne, 10. Februar 2014

Graduation day (Der Abschlusstag)

Anfang 2014 war eine Zeit des großen Wandels für mich. Jahrelang hatte ich als Anwalt gearbeitet, sowohl im privaten Sektor in Toronto als auch im öffentlichen bei den Vereinten Nationen in Genf. Es war eine Erfahrung, für die ich dankbar bin. Aber, um den amerikanischen Schriftsteller und Philosophen Henry David Thoreau zu paraphrasieren: Ich habe viele Leben zu leben, und ich hatte genug Zeit als Anwalt verbracht. Es wurde Zeit, etwas zu verändern.

Während meiner Zeit bei den Vereinten Nationen gab ich nebenbei regelmäßig Präsentationen und Public-Speaking-Trainings. Mit der Zeit erhielt ich immer mehr Anfragen, Reden zu halten und anderen dabei zu helfen, besser zu präsentieren. So entschied ich mich für den großen Schritt. Ich kündigte und machte Public Speaking zu meiner Vollzeitbeschäftigung.

Die Sicherheit meiner Festanstellung aufzugeben war aufregend und beängstigend. Es war ein Neuanfang. Und so wollte es der glückliche Zufall, dass ich im selben Jahr 2014 auf eine Ausschreibung von TEDxLausanne stieß. Sie suchten Redner für ihren jährlichen Event. Das Thema (auf Englisch) war »Perpetual [r]evolution« – (Ewige [R]Evolution).

Im Hinblick auf meine damalige Situation sprach mir das Thema aus der Seele. Ich sagte: »Hey, ich habe mich gerade selbst neu erfunden. Ich sollte mich für einen Talk bewerben.« Und das habe ich getan. Ich reichte mein Angebot ein, über meine persönliche Situation zu sprechen und wie man sich auch mit 52 Jahren noch neu erfinden kann.

Bevor du weiterliest, schau dir bitte die Rede an: bit.ly/2hvVQg1. Sie ist in englischer Sprache, aber du kannst sie mit automatisierten deutschen Untertiteln ansehen.

Schritt 1: Terrain

Redner – Thema

Ich wusste, dass mehrere andere Redner über richtig tolle revolutionäre Ideen aus dem Bereich Wissenschaft und anderen Feldern sprechen würden. Ich habe keinen wissenschaftlichen Hintergrund, das war also keine Option. Aber, wie bereits erwähnt, drehte sich TEDxLausanne 2014 nicht nur um Revolution, sondern auch um Evolution.

Evolution ist mein »Kerngeschäft«: Anwalt in einer großen kanadischen Kanzlei, Kündigung und Einstieg bei den Vereinten Nationen, Hausverkauf, Umzug in die Schweiz mit einer jungen Familie, Verlassen der Komfortzone mit 52 Jahren und Selbstständigkeit in der Welt von Public Speaking.

Publikum – Thema

Während Florians Publikum wenig oder gar nichts über sein Thema wusste, hatte ich den Vorteil, über etwas zu sprechen, das vielen Menschen bekannt ist: der Wunsch nach Veränderung, der Wunsch, etwas Neues und anderes auszuprobieren, der Wunsch zu wachsen.

Als Rahmen für meine Rede nutzte ich die Highschool-Abschlussfeiern meiner beiden Töchter Alexandra und Kristen als Metapher. Alexandra hatte die Highschool zwei Jahre zuvor abgeschlossen und war nun auf der Universität, Kristen sollte ihre Abschlussfeier einige Monate nach meinem TEDx-Talk haben. Ich wollte die Metapher der Abschlussfeier verwenden, weil sich viele Leute damit identifizieren können.

Redner – Publikum

Wie Florian sprach ich vor ungefähr 700 Leuten. Der Event fand an der Universität Lausanne statt. Bei dieser Location und dem Thema der Veranstaltung war klar, das viele Studenten und technikaffine Menschen im Publikum sitzen würden. Allerdings würden auch Geschäftsleute, Freelancer, Unternehmer und andere aus der Region Genfer See zuschauen.

Der Genfer See ist ein sehr internationaler Teil der Welt mit vielen multinationalen Unternehmen und dem europäischen Sitz der Vereinten Nationen. Obwohl viele Schweizer und Franzosen da sein würden, war sicher, dass es eine internationale Zuhörerschaft sein würde.

Vielleicht kannten mich einige von meinen Vortragsaktivitäten in der Region oder von meinem Blog. Klar war: Die große Mehrheit würde nichts anderes über mich wissen als eine kurze Biografie gepostet auf der Website von TEDxLausanne. Wie Florian würde auch ich mein Ethos als Redner aufbauen müssen.

Schritt 2: Ziel

Aufgrund des Charakters seines Vortrags hatte Florian ein sehr spezifisches Ziel im Kopf: Leute aus dem Publikum zu motivieren, beim *The Festival*-Movement mitzumachen. In meinem Fall war das Ziel anders.

Erstens war ich der letzte Vortragende in einem langen Programm mit elf Rednern, zwei künstlerischen Performances und einigen TED-Videos. Ich wusste, die Leute würden müde sein. Meine Rede durfte nicht »schwer« sein, sondern musste die Leute aufbauen.

Zweitens: Die Botschaft meiner Rede würde von unterschiedlichen Menschen unterschiedlich interpretiert werden. Für einige würde Wandel einen Jobwechsel bedeuten, für andere etwas weniger Dramatisches. Mit 700 Leuten im Publikum wusste ich, dass meine Botschaft auf 700 unterschiedliche Arten interpretiert werden würde.

Mein Ziel war es deshalb, die Menschen auf dem Event zu inspirieren, über die Möglichkeit nachzudenken, etwas in ihrem Leben zu verändern, und darüber, wie diese Veränderung aussehen könnte.

Schritt 3: Botschaft

In meiner Rede verwendete ich die Metapher des Abschlusstags, weil er einen Moment in unserem Leben repräsentiert, an dem wir über eine Schwelle in etwas Neues treten.

Meine Botschaft lautete, dass jeder Tag ein Abschlusstag sein kann, weil wir uns jeden Tag dazu entschließen können, etwas Neues zu versuchen.

»Nicht jeder Tag wird ein Abschlusstag sein, aber jeder Tag kann ein Abschlusstag sein.«

Schritt 4: Relevanz

Die amerikanische Dichterin und Pulitzerpreisträgerin Mary Oliver beendete ihr wunderschönes Gedicht *The Summer Day* mit diesen Worten:

> *Doesn't everything die at last, and too soon?*
>
> *Tell me, what is it you plan to do*
>
> *with your one wild and precious life?*

Das war für mich der Grund, warum sich die Leute für meine Botschaft interessieren sollten. Ich wollte, dass sie eines erkennen: Es gibt keine Sicherheit, dass wir mit unseren Bestrebungen Erfolg haben werden, aber wir wissen mit Sicherheit, dass wir eines Tages sterben werden. Also müssen wir das Beste aus allem machen, solange wir können.

Schritt 5: Struktur

TEDxLausanne 2014 fiel zufällig zwischen die Highschool-Abschlussfeiern meiner Töchter. Für meine Einleitung sprach ich über den Stolz, den ich gefühlt hatte, als ich bei Alexandras Abschlusszeremonie im Publikum saß. Ich versuchte, schnell Erinnerungen im Publikum wachzurufen, indem ich meine Zuhörer bat, an ihre eigenen Abschlussfeiern zu denken und wie sie sich an diesen Tagen gefühlt hatten.

Deine eigenen Ideen mit den Erfahrungen des Publikums zu verknüpfen, ist ein wirkungsvoller Weg, sie in deinen Vortrag zu ziehen.

Danach kam eine Wendung bezüglich der Idee von Schulabschlüssen. Bei einer Abschlusszeremonie liegt der Fokus zu Recht auf den Absolventen. Ich jedoch sprach über die anderen Eltern im Saal und wie wir alle vor Jahren die Schule besucht hatten und stellte eine Reihe von rhetorischen Fragen, um das Publikum zum Nachdenken anzuregen. Was ist mit unseren Hoffnungen und Träumen? Beginnt und endet ein Abschluss mit der Schule?

Von da bewegte ich mich in das Herzstück des Vortrags. Ich erzählte drei persönliche Geschichten: die erste über den Berufseinstig als Anwalt, die zweite über meine Entscheidung, von Kanada in die Schweiz umzuziehen und bei den Vereinten Nationen anzufangen, und die dritte darüber, in die Welt der professionellen Redner zu wechseln. Und ich teilte die Aufregung und die Nervosität, die ich bei allen drei Entscheidungen gefühlt hatte.

Nach meinen Geschichten lud ich die Zuhörer dazu ein, über etwas nachzudenken, was sie machen wollten, und einen ersten Schritt in diese Richtung zu gehen. Es gibt keine Erfolgsgarantie, aber wir werden es nie wissen, wenn wir es nicht versuchen.

Ich machte die Rede rund und erwähnte die anstehende Abschlussfeier meiner jüngsten Tochter Kristen. Dann beendete ich meinen Vortrag, indem ich das Publikum mit »2014 Graduating Class of TEDxLausanne« ansprach und sie aufforderte, nach neuen Schwellen zu suchen, an sich zu glauben und den Schritt zu machen.

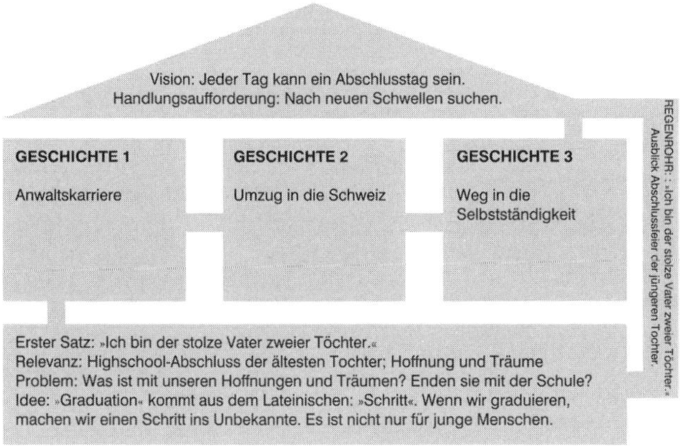

Wie Florian orientierte ich mich bei den detaillierten Inhalten an der Weisheit von Aristoteles. Wegen der inspirierenden Natur meiner Rede wollte ich mehr auf Ethos und Pathos setzen und weniger auf Logos. Aber ich brauchte immer noch alle drei Elemente.

Logos

Fakten	01:40 – »Das Wort ›Graduation‹ kommt vom lateinischen Wort ›gradus‹, was ›Schritt‹ bedeutet.“ 10:11 – »Vorhin habe ich gesagt, dass das Leben nicht mit einer Garantie kommt. Das ist nicht ganz richtig. Es kommt mit einer Garantie: der Garantie, dass es früher oder später zu Ende ist.«
Zahlen	04:10 – »Aber ich war 36. Verheiratet. Ich hatte einen Job, ein Haus, zwei kleine Kinder.« 06:00 – »Das war vor 15 Jahren, und wir sind immer noch in der Schweiz.« 07:22 – »Und in zwei Wochen werde ich 52.«
Rhetorische Fragen	01:30 – »Was ist mit unseren Hoffnungen, unseren Träumen, unseren Morgen?« 01:37 – »Endet der Abschluss mit der Schule?« 09:25 – »Aber seit wann ist das Leben einfach und seit wann ist die Reise immer reibungslos verlaufen?«
Beispiele	Zwei Beispiele: Die Entscheidung, von Kanada in die Schweiz zu ziehen, und die Entscheidung, von der WHO in die Welt von Public Speaking zu wechseln.

Ethos

Reputation	00:12 – »Ich bin stolzer Vater zweier Töchter.« 02:10 – »Ich wurde Anwalt.« 04:05 – »... meine Abschlüsse in Recht und Internationale Beziehungen.« 04:10 – »Aber ich war 36. Verheiratet. Ich hatte einen Job, ein Haus, zwei kleine Kinder.« 05:33 – »Wir verkauften unser Haus, eine Menge unserer Besitztümer ...« 06:43 – »Letzten Oktober sagte ich meinen Chefs, dass ich den Schritt gehen würde. Ich kündigte meinen Job ...«

Zitate	08:35 – »Martin Luther King sagte: ›Glaube bedeutet, die erste Stufe zu nehmen, auch wenn man nicht die ganze Treppe sieht.‹«
Interaktion	00:47 – »Können Sie sich an Ihren Abschlusstag erinnern?«

Pathos

Vision und Träume	01:30 – »Was ist mit unseren Hoffnungen, unseren Träumen, unseren Morgen?«
	09:05 – »Es ist eine von 1.000 Möglichkeiten in Ihrem Herzen. Sie wissen, was es für Sie bedeutet.«
	11:05 – »Wenn Sie in den ersten Tag aller Morgen einsteigen, suchen Sie nach Schwellen, glauben Sie an sich, machen Sie den Schritt.«
Metaphern	01:47 – »Wenn wir die Schule abschließen, stehen wir auf einer Schwelle und treten in das Unbekannte.«
	02:30 – »Ich verwob Worte der Überzeugung mit Prinzipien des Rechts …«
	05:53 – »Es war wieder Abschlusstag.«
Humor	00:37 – »Und wenn Ihr Nachname Zimmer ist, dann heißt es lange warten.«
	02:10 – »Ich wurde Anwalt.«
	02:52 – »Man sagt, nur ein Anwalt kann ein 50-Seiten-Dokument schreiben und es *brief* nennen.«
	03:43 – »Ich dachte: ›Schweiz! Schokolade, Berge, Jodeln.‹ Ich war aufgeregt!«
	04:18 – »Könnte ich alles aufgeben? Nicht die Kinder, die anderen Dinge.«
	06:00 – »Das war vor 15 Jahren, und wir sind immer noch in der Schweiz. Das ist eine Menge Schokolade.«
	09:54 – »Kristen ist ein bisschen nervös wegen des Universitätsbeginns im Herbst. Ich bin nervös, wenn ich ans Zahlen denke.«

Geschichten	00:15 – Geschichte der Abschlussfeier der ältesten Tochter. 02:00 – Geschichte über das Anwalt-Sein. 03:35 – Geschichte über die Vereinten Nationen und den Umzug in die Schweiz.
Verletzlichkeit	05:05 – »Hatte ich Angst? Sie haben keine Ahnung, was für eine Angst ich hatte.« 07:45 – »Ist es riskant? Ja. Habe ich Angst? Ich habe die gleiche Angst wie vor 15 Jahren.« 09:48 – »Ich weiß, mein Herz wird wieder vor Stolz platzen.«

Wenn ich den Talk noch einmal geben würde, wäre ich in der zweiten Hälfte energischer. Meine Rede war der Schlusspunkt eines langen Abends. Vor dem Event hatten wir Redner zwei Tage Proben. Ich war müde und konnte fühlen, wie meine Energie abebbte. Aber wenn du auf der Bühne bist, musst du in Form sein vom ersten bis zum letzten Wort.

Schritt 6: Slides

Eine der allerletzten Dinge, die du tust, wenn du die Inhalte für deinen Vortrag zusammenbaust, ist die Erstellung der Slide-Präsentation. Und eine der ersten Fragen, die du dir stellst, ist: »Brauche ich überhaupt Slides?« Für mich lautete die Antwort: nein. Ich brauchte keine Folien, um meine Geschichten zu erzählen oder meine Botschaft zu vermitteln. Also sprach ich ohne Slides.

Bau dir deine eigene Präsentation

Diese einfache Vorlage hilft dir dabei, deine nächste Präsentation vorzubereiten und deine Gedanken zu ordnen.

Schritt 1: Terrain

Übertrage die Grafik unten auf ein Blatt Papier. Ersetze die Wörter »Redner«, »Publikum« und »Thema« durch deinen Namen, den Namen deines Publikums und das Thema, über das du sprichst. Mach dir Notizen zu den drei Beziehungen zwischen den Dreieckspunkten.

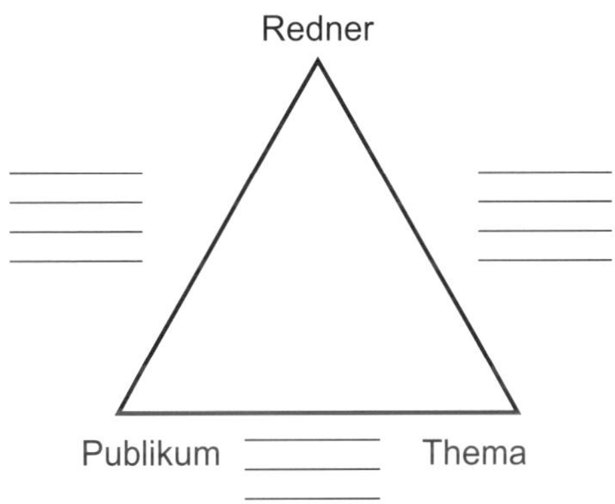

Schritt 2: Ziel

Was ist das Ziel deines Vortrags?

Mein Ziel ist es, ______________________________________.

Welchen simplen, spezifischen und symbolischen ersten Schritt kann dein Publikum in Richtung Zielerrechnung gehen, während du noch zu ihm sprichst?

Am Ende meines Vortrags wird das Publikum

____.

Schritt 3: Botschaft

Fass deinen Vortrag zusammen und schreib die Botschaft in einem einzigen Satz nieder. Es kann ein langer Satz sein, aber er muss komplett sein, nicht eine Serie von Punkten.

Botschaft:

____

____

____

____

____

____.

Verfeinere die Botschaft. Mach sie prägnanter und kürzer. Es muss immer noch ein einziger Satz sein.

Verfeinerte Botschaft:

____

____

____.

Schritt 4: Relevanz

Liste so viele Gründe wie möglich auf, warum deinem Publikum deine Botschaft am Herzen liegen sollte. Warum ist deine Botschaft wichtig für dein Publikum?

Grund 1: ______________________________________

Grund 2: ______________________________________

Grund 3: ______________________________________

Grund 4: ______________________________________

Grund 5: ______________________________________

Schritt 5: Struktur

Strukturiere deinen Vortrag mit dem Speech Structure Building. Starte mit dem Fundament (Einleitung), dann bilde die Säulen (Hauptteil). Oftmals kannst du für die Säulen die Vorteile aus Schritt 4 verwenden. Beende die Präsentation mit dem Dach (Schluss) sowie dem Regenrohr (Inhaltliche Rückkopplung zum Einstieg).

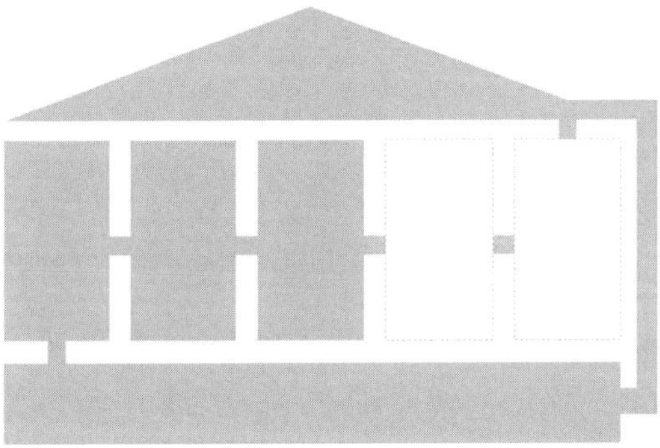

Wenn du die Basisstruktur des Vortrags auf einem Blatt Papier stehen hast, dekoriere das Gebäude mit Inhalten:

LOGOS	ETHOS	PATHOS
Fakten Daten Charts und Diagramme Zahlen Umfragen Statistiken Testergebnisse Forschung Rhetorische Fragen Beispiele Demonstration	Reputation Expertise Gemeinsamkeiten Zitate Publikumsinteraktion	Vision und Träume Metaphern Humor Geschichten Verletzlichkeit

Schritt 6: Slides

Wenn du die Basisstruktur des Vortrags auf einem Blatt Papier stehen und das Gebäude mit Inhalten dekoriert hast, entscheide, ob du Slides verwenden willst oder nicht. Wenn du dich für PowerPoint entscheidest, skizziere deinen Folienfluss auf Papier:

Danksagung

Gemeinsam ein Buch zu schreiben, erfordert im besten Falle Zusammenarbeit, Durchhaltevermögen und Geduld. Gut, aber was ist, wenn der eine Schreiber in Barcelona sitzt und der andere in Genf? Was ist, wenn eine Nachtigall auf eine Lerche trifft? Und wenn dann noch zwei Hunde bellen und eine 19-jährige Tigerkatze miaut, weil sie auf der Tastatur schlafen will? Wie schlimm kann es werden?

Allen widrigen Umständen zum Trotz sind wir vorangeschritten. Wir kamen schnell voran, bis wir vor dem größten Hindernis standen: dem Duell unserer Cursor auf Google Docs. Oft hörten wir den anderen fluchen: »Nimm den Cursor aus meinem Gesicht!« Aber wir haben durchgehalten und konnten unsere Freundschaft am Leben halten. (Bier, Wein und Aspirin haben sicherlich geholfen.)

Vielen Menschen, die uns auf unserer rhetorischen Reise unterstützt und begleitet haben, möchten wir unsere tiefe Verbundenheit zum Ausdruck bringen. Insbesondere danken wir folgenden Personen: Den Mitgliedern von International Geneva Toastmasters, Prestigious Speakers, Barcelona und Toastmasters International

Der Geneva Writers' Group

Der Renegade Saints Improv Group

Tony Anagor, Mark Hunter, Mel Kelly, Bob Mohl, Conor Neill, Ben Parsons, Tobias Rodrigues, Olivia Schofield, Jack Vincent, Jerzy Zientkowski, Peter Zinn

Unseren Eltern und Geschwistern und ihren Familien

Rose und Alvaro

Julie, Alexandra und Kristen

Über die Autoren

Florian Mück schloss sich 2005 einer Abordnung eines der größten Rhetorikklubs der Welt in Barcelona an und entdeckte dort als Referent und Redner seine Begabung für Vorträge. 2009 startete seine Karriere als professioneller Redner und Rhetoriktrainer. Heute arbeitet er unter anderem mit der IESE Business School Barcelona zusammen. Seine inspirierenden Kommunikationsseminare, Präsentationscoachings, Keynote Speeches und Moderationen sind inzwischen weltweit sehr gefragt. Im Redline Verlag ist von ihm bereits *Der einfache Weg zum begeisternden Vortrag* erschienen.

Der in der Schweiz lebende Kanadier John Zimmer blickt auf mehr als 30 Jahre Vortragserfahrung zurück. Der siebenfache Europameister in Public-Speaking-Wettbewerben ist weltweit als professioneller Redner und Rhetoriktrainer aktiv. Sein Blog mannerofspeaking.org wurde von Prezi als eine der Top-100-Onlinequellen für Vortragende ausgezeichnet. Zusammen mit Florian Mück hat er Rhetoric – The Public Speaking Game, das weltweit erste Brettspiel für die freie Rede, entwickelt.

Bildnachweise

Unsplash

1. https://unsplash.com/search/laptop?photo=tAKXap853rY
2. https://unsplash.com/search/jakarta?photo=uMH-d3W-WJhM
3. https://unsplash.com/search/sheep?photo=cDwZ40Lj9eo
4. https://unsplash.com/search/bicycle?photo=Zj_JLGZBvgg
5. https://unsplash.com/@florianpircher?photo=tFggnfZjhxY
6. https://unsplash.com/search/microphone?photo=ASKeuOZqhYU
7. https://unsplash.com/search/perfume?photo=So4eFi-d1nc
8. https://unsplash.com/search/pottery?photo=xEy9QNUCdRI
9. https://unsplash.com/search/virtual-reality?photo=VK284NKoAVU
10. https://unsplash.com/search/rocket?photo=TV2gg2kZD1o
11. https://unsplash.com/search/car?photo=FlnOz_Fiy6Y
12. https://unsplash.com/search/ingredients?photo=x5SRhkFajrA

Shutterstock

1. https://www.shutterstock.com/image-photo/handshake-hand-holding-on-black-background-132708305

Icon Finder

1. https://www.iconfinder.com/icons/279471/mic_microphone_music_sound_icon#size=128
2. https://www.iconfinder.com/icons/1570997/camera_cinema_movie_video_icon_icon#size=128
3. https://www.iconfinder.com/icons/1475021/entertainment_play_stage_theater_icon#size=128

Stichwortverzeichnis

Q

R

S